空调器维修三部曲

全彩图解空调器 维修极速入门

李志锋　主编

U0273087

机械工业出版社

本书作者有超过10年的维修经验，并且一直工作在维修第一线，书中很多内容都是作者长期维修经验的总结，非常有价值。本书采用电路原理图和实物照片相结合，并在图片上增加标注的方法来介绍空调器维修所必须掌握的基本知识和检修方法，重点介绍空调器基础维修知识，主要内容包括空调器维修入门知识、空调器制冷系统故障维修、空调器噪声和漏水故障排除、空调器电控系统维修基础、挂式和柜式空调器原装主板安装和通用板代换等。另外，本书附赠有视频维修资料（通过"机械工业出版社E视界"微信公众号下载），内含空调器维修实际操作视频文件，能带给读者更直观的感受，便于读者学习理解。

本书适合初学、自学空调器维修人员阅读，也适合空调器维修售后服务人员、技能提高人员阅读，还可以作为职业院校、培训学校空调器相关专业学生的参考书。

图书在版编目（CIP）数据

全彩图解空调器维修极速入门/李志锋主编. —北京：机械工业出版社，2017.4

（空调器维修三部曲）

ISBN 978-7-111-56169-9

Ⅰ.①全… Ⅱ.①李… Ⅲ.①空气调节器－维修－图解

Ⅳ.①TM925.120.7-64

中国版本图书馆CIP数据核字（2017）第037254号

机械工业出版社（北京市百万庄大街22号　邮政编码100037）

策划编辑：刘星宁　　　　　责任编辑：闫洪庆

责任校对：张　薇　佟瑞鑫　封面设计：路恩中

责任印制：李　飞

北京新华印刷有限公司印刷

2017年4月第1版第1次印刷

184mm×260mm·14.75印张·347千字

0001—4000册

标准书号：ISBN 978-7-111-56169-9

定价：49.80元

近年来，随着全球气候逐渐变暖和人民生活水平的提高，空调器已成为人们生产和生活的必备电器。空调器正在进入千家万户。随之而来的是空调器维修服务的需求在不断增加，这也促使不断有新人涌入这一行业，而他们急需在较短时间内掌握空调器维修所需的基本技能，以便实现快速上岗。而空调器行业的蓬勃发展也促使新技术和新产品不断涌现，并且随着维修工作的开展也会不断碰到新故障和新难点，原有的空调器维修人员也有继续学习、不断提高维修技术的需求。本套丛书正是为了满足这些需求而编写的。

本套丛书共分为三本，分别为《全彩图解空调器维修极速入门》《全彩图解空调器电控系统维修》和《全彩图解空调器维修实例精解》。

本套丛书从入门（基础）—电控（提高）—实例（精通）三个学习层次，逐步深入，覆盖空调器维修所涉及的各种专项知识和技能，满足一线维修人员的需求，构建完整的知识体系。本套丛书的作者有超过 10 年的维修经验，并在多个大型品牌售后服务部门工作过，书中内容源于自己长期实践经验的总结，很多内容在其他同类书中很难找到，非常有价值。另外，本套丛书都提供免费的维修视频供读者学习使用，内容涉及空调器维修实际操作技能，能够帮助读者快速掌握相关技能。读者可通过"机械工业出版社 E 视界"微信公众号下载该视频。

《全彩图解空调器维修极速入门》是本套丛书中的一种，重点介绍空调器维修基础知识，主要内容包括空调器维修入门知识、空调器制冷系统故障维修、空调器噪声和漏水故障排除、空调器电控系统维修基础、挂式和柜式空调器原装主板安装和通用板代换等。

需要注意的是，为了与电路板上实际元器件文字符号保持一致，书中部分元器件文字符号未按国家标准修改。本书测量电子元器件时，如未特别说明，均使用数字万用表测量。

本书由李志锋主编，参与本书编写并为本书编写提供帮助的人员有李殿魁、李献勇、周涛、李嘉妍、李明相、李佳怡、班艳、王丽、殷大将、刘提、刘均、金闯、李佳静、金华勇、金坡、李文超、金科技、高立平、辛朝会、王松、陈文成、王志奎等。值此成书之际，对他们所做的辛勤工作表示衷心的感谢。

由于编者能力水平所限，加之编写时间仓促，书中错漏之处难免，希望广大读者提出宝贵意见。

编　者

目 录 CONTENTS

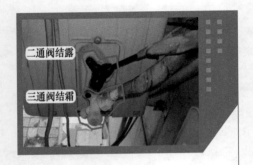

二通阀结露
三通阀结霜

系统运行压力约0.4MPa

实测电流
测量压缩机电流：实测说明未做功

空调器维修入门

对密闭空间、房间或区域里空气的温度、湿度、洁净度及空气流动速度（简称"空气四度"）参数进行调节和控制等处理，以满足一定要求的设备，称为房间空气调节器，简称为空调器。

第一节　型号命名方法和匹数含义

一、空调器型号命名方法

执行国家标准 GB/T 7725—2004，基本格式见图1-1。期间又增加 GB 12021.3—2004 和 GB 12021.3—2010 两个标准，主要内容是增加"中国能效标识"图标。

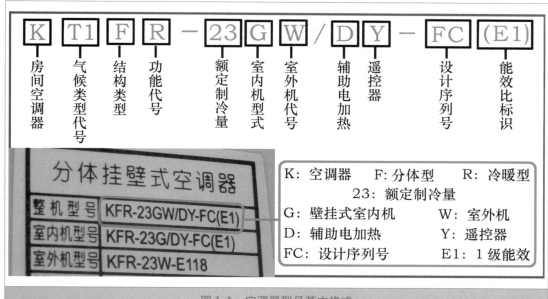

图1-1　空调器型号基本格式

1. 房间空调器

"空调器"汉语拼音为"kong tiao qi"，因此选用第1个字母"k"表示，并且在使用时为大写字母"K"。

2. 气候类型代号

表示空调器所工作的环境，分 T1、T2、T3 三种工况，具体内容见表 1-1。由于在中国使用的空调器工作环境均为 T1 类型，因此在空调器标号中省略不再标注。

表 1-1　气候类型工况

	T1（温带气候）	**T2（低温气候）**	**T3（高温气候）**
单冷型	18 ~ 43℃	10 ~ 35℃	21 ~ 52℃
冷暖型	−7 ~ 43℃	−7 ~ 35℃	−7 ~ 52℃

3. 结构类型

家用空调器按结构类型可分为两种：整体式和分体式。

整体式即窗式空调器，实物外形见图 1-2，英文代号为 "C"，多见于早期使用；由于运行时整机噪声太大，目前已淘汰不再使用。

分体式英文代号为 "F"，由室内机和室外机组成，也是目前最常见的结构型式，实物外形见图 1-5 和图 1-6。

图 1-2　窗式空调器

4. 功能代号

见图 1-3，表示空调器所具有的功能，分为单冷型、冷暖型（热泵）、电热型。

单冷型只能制冷不能制热，所以只能在夏天使用，多见于南方使用的空调器，其英文代号省略不再标注。

冷暖型既可制冷又可制热，所以夏天和冬天均可使用，多见于北方使用的空调器，制热按工作原理可分为热泵式和电加热式，其中热泵式在室外机的制冷系统中加装四通阀等部件，通过吸收室外的空气热量进行制热，也是目前最常见的型式，英文代号为 "R"；电加热式不改变制冷系统，只是在室内机加装大功率的电加热丝用来产生热量，相当于将 "电暖气" 安装在室内机，其英文代号为 "D"（整机型号为 KFD 开头），多见于早期使用的空调器，由于制热时耗电量太大，目前已淘汰不再使用。

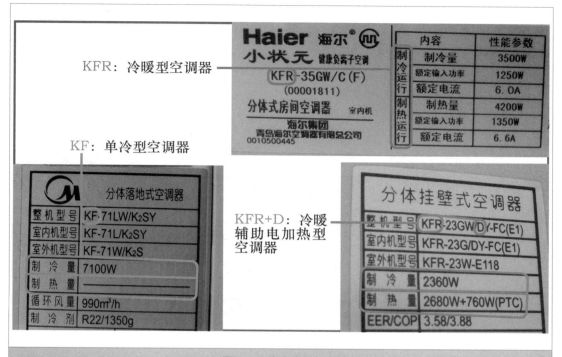

图1-3　功能代号标识

5. 额定制冷量

见图1-4，用阿拉伯数字表示，单位为100W，即标注数字再乘以100，得出的数字为空调器的额定制冷量，我们常说的"匹"也是由额定制冷量换算得出的。

➡ 说明：由于制冷模式和制热模式的标准工况不同，因此同一空调器的额定制冷量和额定制热量也不相同，空调器的工作能力以制冷模式为准。

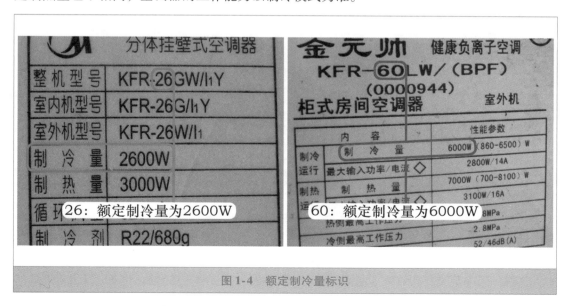

图1-4　额定制冷量标识

6. 室内机型式

D：吊顶式；G：壁挂式（即挂机）；L：落地式（即柜机）；K：嵌入式；T：台式。家用空调器常见形式为挂机和柜机，分别见图1-5和图1-6。

7. 室外机代号

为大写英文"W"。

GW：壁挂式空调器（挂机）

G：室内机

W：室外机

图1-5　壁挂式空调器

LW：落地式空调器（柜机）

L：室内机

W：室外机

图1-6　落地式空调器

8. 斜杠"/"后面标号表示设计序列号或特殊功能代号

见图1-7，允许用汉语拼音或阿拉伯数字表示。常见有Y：遥控器；BP：变频；ZBP：直流变频；S：三相电源；D（d）：辅助电加热；F：负离子。

➡ 说明：同一英文字母在不同空调器厂家表示的含义是不一样的，例如"F"，在海尔空调器中表示为负离子，在海信空调器中则表示为使用无氟制冷剂R410A。

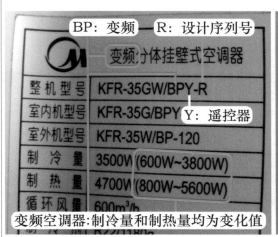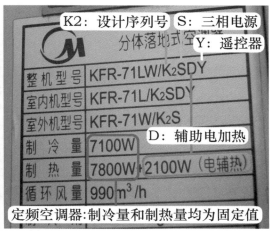

图 1-7 变频和定频空调器标识

9. 能效比标识

见图 1-8，能效比即 EER（名义制冷量/额定输入功率）和 COP（名义制热量/额定输入功率）。例如，海尔 KFR-32GW/Z2 定频空调器，额定制冷量为 3200W，额定输入功率为 1180W，EER = 3200 ÷ 1180 = 2.71；格力 KFR-23GW/（23570）Aa-3 定频空调器，额定制冷量为 2350W，额定输入功率为 716W，EER = 2350 ÷ 716 = 3.28。

图 1-8 能效比计算方法

见图 1-9，能效比标识分为旧能效标准（GB 12021.3—2004）和新能效标准（GB 12021.3—2010）。

旧能效标准于 2005 年 3 月 1 日开始实施，分体式共分为 5 个等级，5 级最费电，1 级最省电，详见表 1-2。

海尔 KFR-32GW/Z2 空调器能效比为 2.71，根据表 1-2 可知此空调器为 5 级能效，也就是最耗电的一类；格力 KFR-23GW/（23570）Aa-3 空调器能效比为 3.28，按旧能效标准为 2 级能效。

表 1-2　旧能效标准

	1 级	2 级	3 级	4 级	5 级
制冷量≤4500W	3.4 及以上	3.39～3.2	3.19～3.0	2.99～2.8	2.79～2.6
4500W＜制冷量≤7100W	3.3 及以上	3.29～3.1	3.09～2.9	2.89～2.7	2.69～2.5
7100W＜制冷量≤14000W	3.2 及以上	3.19～3.0	2.99～2.8	2.79～2.6	2.59～2.4

新能效标准于 2010 年 6 月 1 日正式实施，旧能效标准也随之废止。新能效标准共分 3 级，相对于旧标准，级别提高了能效比，旧标准 1 级为新标准的 2 级，旧标准 2 级为新标准的 3 级，见表 1-3。

海尔 KFR-32GW/Z2 空调器能效比为 2.71，根据新能效标准 3 级最低为 3.2，所以此空调器不能再上市销售；格力 KFR-23GW/（23570）Aa-3 空调器能效比为 3.28，按新能效标准为 3 级能效。

表 1-3　新能效标准

	1 级	2 级	3 级
制冷量≤4500W	3.6 及以上	3.59～3.4	3.39～3.2
4500W＜制冷量≤7100W	3.5 及以上	3.49～3.3	3.29～3.1
7100W＜制冷量≤14000W	3.4 及以上	3.39～3.2	3.19～3.0

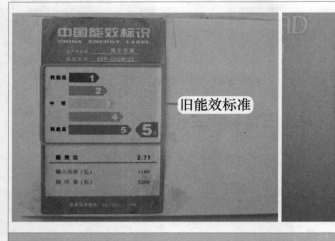

图 1-9　能效比标识

10. 空调器型号举例说明

例 1：海信 KF-23GW/58 表示为 T1 气候类型、分体（F）壁挂式（GW 即挂机）、单冷（KF 后面不带 R）定频空调器，58 为设计序列号，每小时制冷量为 2300W。

例 2：美的 KFR-23GW/DY-FC（E1）表示为 T1 气候类型、带遥控器（Y）和辅助电加热功能（D）、分体（F）壁挂式（GW）、冷暖（R）定频空调器，FC 为设计序列号，每小时制冷量为 2300W，1 级能效（E1）。

例3：美的 KFR-71LW/K2SDY 表示为 T1 气候类型、带遥控器（Y）和辅助电加热功能（D）、分体（F）落地式（LW 即柜机）、冷暖（R）定频空调器，使用三相（S）电源供电，K2 为序列号，每小时制冷量为 7100W。

例4：科龙 KFR-26GW/VGFDBP-3 表示为 T1 气候类型、分体（F）壁挂式（GW）、冷暖（R）变频（BP）空调器、带有辅助电加热功能（D）、制冷系统使用 R410 无氟（F）制冷剂，VG 为设计序列号，每小时制冷量为 2600W，3 级能效。

例5：海信 KT3FR-70GW/01T 表示为 T3 气候类型、分体（F）壁挂式（GW）、冷暖（R）定频空调器、01 为设计序列号、特种（T，专供移动或联通等通信基站使用的空调器），每小时制冷量为 7000W。

二、匹数（P）的含义及对应关系

1. 空调器匹数的含义

空调器匹数是一种不规范的民间叫法。这里的匹数（P）代表的是耗电量，因早期生产的空调器种类相对较少，技术也基本相似，因此使用耗电量代表制冷能力，1 匹（P）约等于 735W。现在，国家标准不再使用"匹（P）"作为单位，而是使用每小时制冷量作为空调器能力标准。

2. 制冷量与匹（P）的对应关系

制冷量为 2400W 约等于正 1P，以此类推，制冷量 4800W 等于正 2P，对应关系见表 1-4。

表 1-4　制冷量与匹（P）的对应关系

制 冷 量	俗　称
2300W 以下	小 1P 空调器
2400W 或 2500W	正 1P 空调器
2600～2800W	大 1P 空调器
3200W	小 1.5P 空调器
3500W 或 3600W	正 1.5P 空调器
4500W 或 4600W	小 2P 空调器
4800W 或 5000W	正 2P 空调器
5100W 或 5200W	大 2P 空调器
6000W 或 6100W	2.5P 空调器
7000W、7100W 或 7200W	正 3P 空调器
12000W	正 5P 空调器

注：1P～1.5P 空调器常见形式为挂机，2P～5P 空调器常见形式为柜机。

挂式空调器制冷量常见有 1P 和 1.5P 共 2 种，见图 1-10，1P 制冷量为 2400W（或 2300W、2500W、2600W），1.5P 制冷量为 3500W（或 3200W、3300W、3600W）。挂式空调器的制冷量还有 2P（5000W）和 3P（7200W），但比例较小。

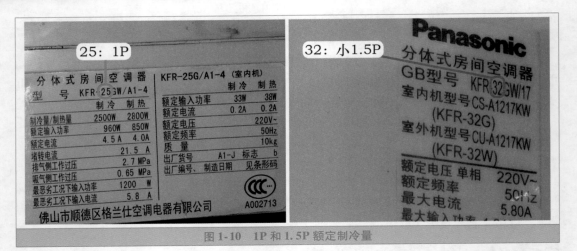

图 1-10　1P 和 1.5P 额定制冷量

　　柜式空调器制冷量常见有 2P、2.5P、3P、5P 共 4 种，见图 1-11 和图 1-12，2P 制冷量为 5000W（或 4800W、或 5100W）、2.5P 制冷量为 6000W（或 6100W）、3P 制冷量为 7200W（或 7000W、或 7100W）、5P 制冷量为 12000W。

➡ 示例：KFR-60LW/（BPF），数字 60×100＝6000，即空调器每小时额定制冷量为 6000W，换算为 2.5P 空调器，斜杠"/"后面 BP 含义为变频。

图 1-11　2P 和 2.5P 额定制冷量

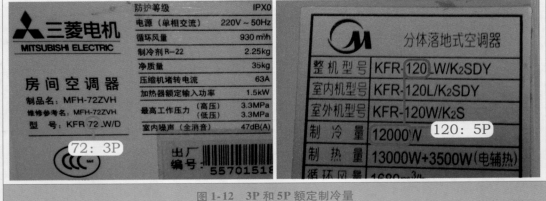

图 1-12　3P 和 5P 额定制冷量

第二节　挂式空调器构造

一、外部构造

空调器整机从结构上包括室内机、室外机、连接管道、遥控器四部分。室内机组包括蒸发器、贯流风扇、室内风机、电控部分等，室外机组包括压缩机、冷凝器、毛细管、室外风扇、室外风机、电气元件等。

1. 室内机的外部结构

挂式空调器室内机外部结构见图1-13和图1-14。

① 进风口：房间的空气由进风格栅吸入，并通过过滤网除尘。说明：早期空调器进风口通常由进风格栅（或称为前面板）进入室内机，而目前空调器进风格栅通常设计为镜面或平板样式，因此进风口部位设计在室内机顶部。

② 过滤网：过滤房间中的灰尘。

③ 出风口：降温或加热的空气经上下导风板和左右导风板调节方位后吹向房间。

④ 上下导风板（上下风门叶片）：调节出风口上下气流方向（一般为自动调节）。

⑤ 左右导风板（左右风门叶片）：调节出风口左右气流方向（一般为手动调节）。

⑥ 应急开关按键：无遥控器时使用应急开关可以开启或关闭空调器的按键。

⑦ 指示灯：显示空调器工作状态的窗口。

⑧ 接收窗：接收遥控器发射的红外线信号。

⑨ 蒸发器接口：与来自室外机组的管道连接（粗管为气管，细管为液管）。

⑩ 保温水管：一端连接接水盘，另一端通过加长水管将制冷时蒸发器产生的冷凝水排至室外。

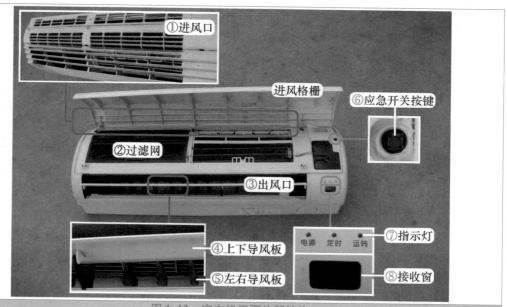

图1-13　室内机正面外部结构

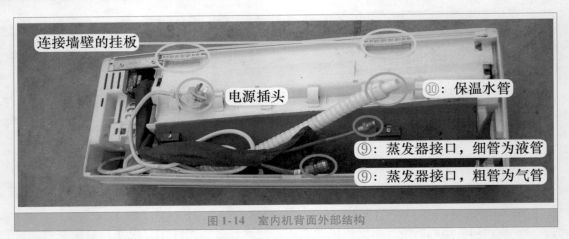

图 1-14 室内机背面外部结构

2. 室外机的外部结构

室外机外部结构见图 1-15。

① 进风口：吸入室外空气（即吸入空调器周围的空气）。

② 出风口：吹出为冷凝器降温的室外空气（制冷时为热风）。

③ 管道接口：连接室内机组管道（粗管为气管接三通阀，细管为液管接二通阀）。

④ 检修口（即加氟口）：用于测量系统压力，系统缺氟时可以加氟使用。

⑤ 接线端子：连接室内机组的电源线。

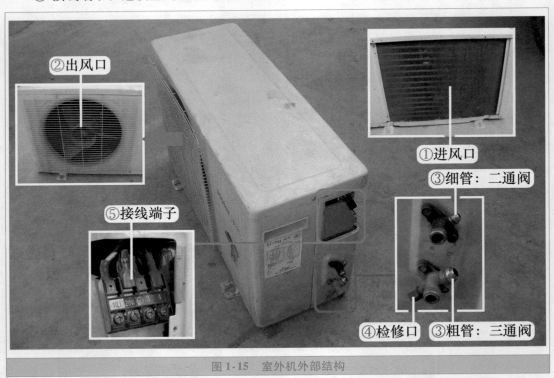

图 1-15 室外机外部结构

3. 连接管道

见图 1-16 左图，用于连接室内机和室外机的制冷系统，完成制冷（制热）循环，其为制冷系统的一部分；粗管连接室内机蒸发器出口和室外机三通阀，细管连接室内机蒸发器进口和室外机二通阀；由于细管流通的制冷剂为液体，粗管流通的制冷剂为气体，所以细管也称为液管或高压管，粗管也称为气管或低压管；材质早期多为铜管，现在多使用铝塑管。

4. 遥控器

见图1-16右图，用来控制空调器的运行与停止，使之按用户的意愿运行，其为电控系统的一部分。

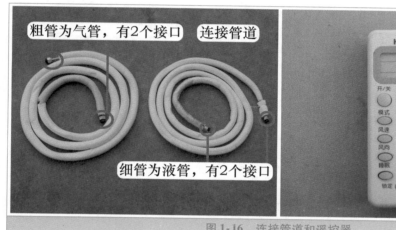
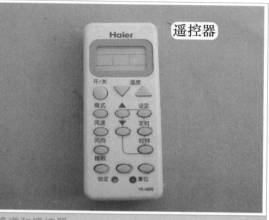

图1-16　连接管道和遥控器

二、 内部构造

家用空调器无论是挂机还是柜机，均由四部分组成：制冷系统、电控系统、通风系统、箱体系统。制冷系统由于知识点较多，因此在第2章进行说明。

1. 主要部件安装位置

（1）室内机主要部件

见图1-17，制冷系统：蒸发器；电控系统：电控盒（包括主板、变压器、环温和管温传感器等）、显示板组件、步进电机；通风系统：室内风机（一般为PG电机）、室内风扇（也称为贯流风扇）、轴套、上下和左右导风板；辅助部件：接水盘。

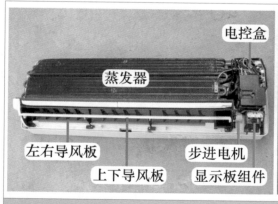
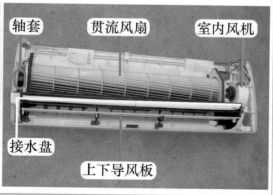

图1-17　室内机主要部件

（2）室外机主要部件

见图1-18，制冷系统：压缩机、冷凝器、四通阀、毛细管、过冷管组（单向阀和辅助毛细管）；电控系统：室外风机电容、压缩机电容、四通阀线圈；通风系统：室外风机（也称为轴流电机）、室外风扇（也称为轴流风扇）；辅助部件：电机支架、挡风隔板。

图1-18 室外机主要部件

2. 电控系统

电控系统相当于"大脑"，用来控制空调器的运行，一般使用微电脑（MCU）控制方式，具有遥控、正常自动控制、自动安全保护、故障自诊断和显示、自动恢复等功能。

图1-19为电控系统主要部件，通常由主板、遥控器、变压器、环温和管温传感器、室内风机、步进电机、压缩机、室外风机、四通阀线圈等组成。

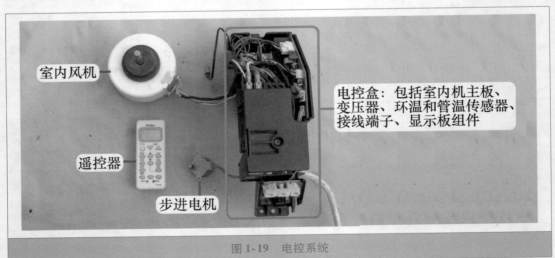

图1-19 电控系统

3. 通风系统

为了保证制冷系统的正常运行而设计，作用是强制使空气流过冷凝器或蒸发器，加速热交换的进行。

（1）室内机通风系统

室内机通风系统的作用是将蒸发器产生的冷量（或热量）及时输送到室内，降低或加热房间温度。见图1-20，使用贯流式通风系统，包括贯流风扇和室内风机。

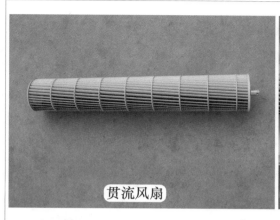

贯流风扇　　室内风机:早期为抽头电机,目前为PG电机

图1-20　贯流风扇和室内风机

贯流风扇由叶轮、叶片、轴承等组成，轴向尺寸很宽，风扇叶轮直径小，呈细长圆筒状，特点是转速高、噪声小；左侧使用轴套固定，右侧连接室内风机。

室内风机产生动力驱动贯流风扇旋转，早期多为2速或3速的抽头电机，目前通常使用带霍尔反馈的PG电机，只有部分高档的定频和变频空调器使用直流电机。

见图1-21，贯流风扇叶片采用向前倾斜式，气流沿叶轮径向流入，贯穿叶轮内部，然后沿径向从另一端排出，房间空气从室内机顶部和前部的进风口吸入，由贯流风扇产生一定的流量和压力，经过蒸发器降温或加热后，从出风口吹出。

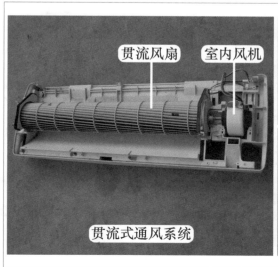
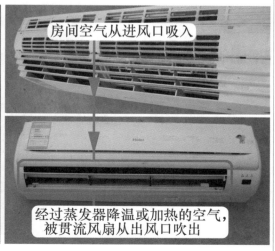

贯流风扇　　室内风机

房间空气从进风口吸入

贯流式通风系统

经过蒸发器降温或加热的空气，被贯流风扇从出风口吹出

图1-21　贯流式通风系统

（2）室外机通风系统

室外机通风系统的作用是为冷凝器散热，见图1-22，使用轴流式通风系统，包括室外风扇和室外风机。

室外风扇结构简单，叶片一般为2片、3片、4片、5片，使用ABS塑料注塑成形，特点是效率高、风量大、价格低、省电，缺点是风压较低、噪声较大。

定频空调器室外风机通常使用单速电机，变频空调器通常使用2速、3速的抽头电机，只有部分高档的定频和变频空调器使用直流电机。

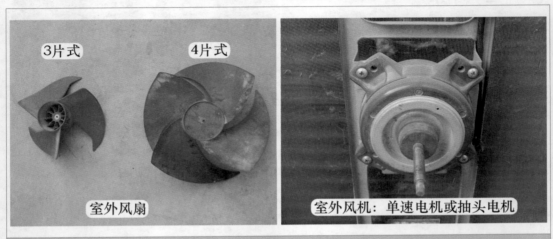

图1-22　室外风扇和室外风机

见图1-23，室外风扇运行时进风侧压力低，出风侧压力高，空气始终沿轴向流动，制冷时将冷凝器产生的热量强制吹到室外。

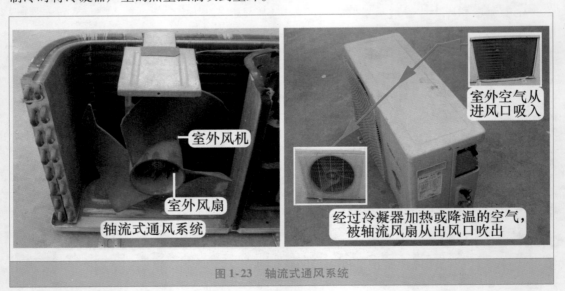

图1-23　轴流式通风系统

4. 箱体系统

它是空调器的"骨骼"。

图1-24为挂式空调器室内机组的箱体系统（即底座），所有部件均放置在箱体系统上，根据空调器设计不同，外观会有所变化。

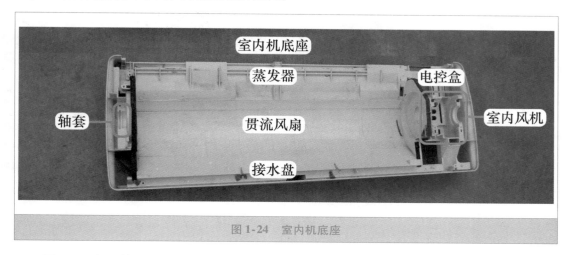

图1-24 室内机底座

图1-25为室外机底座，冷凝器、室外风机固定支架、压缩机等部件均安装在室外机底座上面。

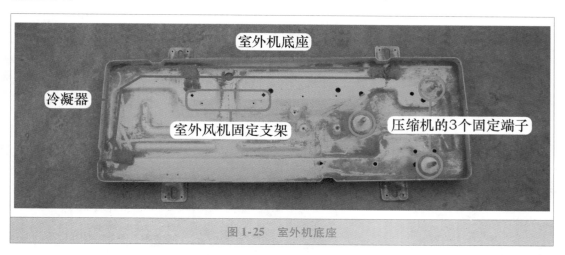

图1-25 室外机底座

第三节 柜式空调器构造

一、 室内机构造

1. 外观

目前柜式空调器室内机从正面看，通常分为上下两段，见图1-26，上段可称为前面板，下段可称为进风格栅，其中前面板主要包括出风口和显示屏，取下进风格栅后可见室内机下方设有室内风扇（离心风扇），即进风口，其上方为电控系统。

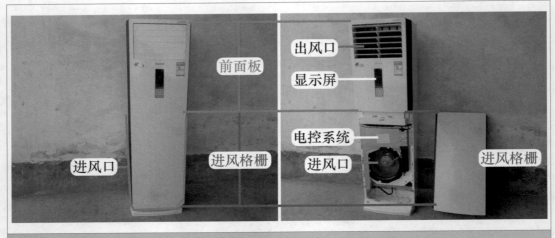

图1-26 室内机外观

➡ 说明：早期空调器从正面看通常分为3段，最上方为出风口，中间为前面板（包括显示屏），最下方为进风格栅，目前的空调器将出风口和前面板合为一体。

进风格栅顾名思义，就是房间内空气由此进入的部件，见图1-27左图，目前空调器进风口设置在左侧、右侧、下方位置，从正面看为镜面外观，内部设有过滤网卡槽，过滤网就是安装在进风格栅内部，过滤后的房间空气再由离心风扇吸入，送至蒸发器降温或加热，再由出风口吹出。

见图1-27右图，将前面板翻到后面，取下泡沫盖板后，可看到安装有显示板（从正面看为显示屏）、上下摆风电机、左右摆风电机。

➡ 说明：早期空调器进风口通常设计在进风格栅正面，并且由于出风口上下导风板为手动调节，未设计上下摆风电机。

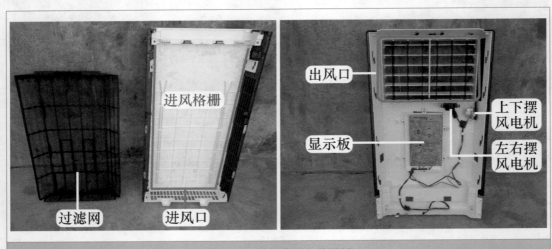

图1-27 进风格栅和前面板

2. 挡风隔板和电控系统

取下前面板后，见图1-28左图，可见室内机中间部位安装有挡风隔板，其作用是将蒸发器下半段的冷量（或热量）向上聚集，从出风口排出。为防止异物进入室内机，在出风口部位设有防护罩。

取下电控盒盖板后，见图1-28右图，电控系统主要由主板、变压器、室内风机电容、接线端子等组成。

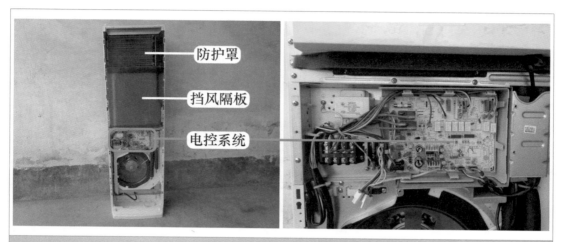

图1-28 挡风隔板和电控系统

3. 辅助电加热和蒸发器

取下挡风隔板后，见图1-29，可见蒸发器为直板式。蒸发器中间部位装有2组PTC式辅助电加热，在冬季制热时提高出风口温度；蒸发器下方为接水盘，通过连接排水软管和加长水管将制冷时产生的冷凝水排至室外；蒸发器共有2个接头，其中粗管为气管、细管为液管，经连接管道和室外机二通阀、三通阀相连。

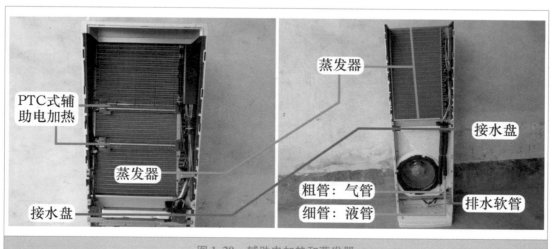

图1-29 辅助电加热和蒸发器

4. 通风系统

取下蒸发器、顶部挡板、电控系统等部件后，见图1-30左图，此时室内机只剩下外壳和通风系统。

通风系统包括室内风机（离心电机）、室内风扇（离心风扇）、蜗壳，图1-30右图为取下离心风扇后离心电机的安装位置。

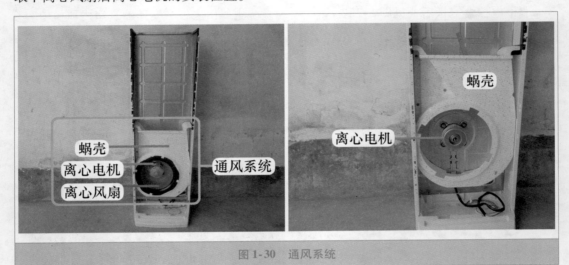

图 1-30　通风系统

5. 外壳

见图1-31左图，取下离心电机后，通风系统的部件只有蜗壳。

再将蜗壳取下，见图1-31右图，此时室内机只剩下外壳，由左侧板、右侧板、背板、底座等组成。

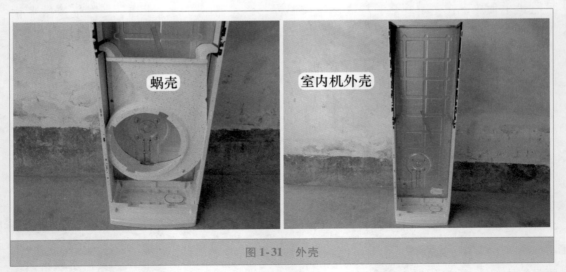

图 1-31　外壳

二、　室外机构造

1. 外观

室外机实物外形见图1-32，通风系统设有进风口和出风口，进风口设计在后部和侧面，出风口在前面，吹出的风不是直吹，而是朝四周扩散。其中接线端子连接室内机电控系统，管道接口连接室内机制冷系统（蒸发器）。

进风口　进风口　　　出风口　　管道接口

接线端子

图 1-32　室外机外观

2. 主要部件

取下室外机顶盖和前盖，见图 1-33，可发现室外机和挂式空调器室外机相同，主要由电控系统、压缩机、室外风机和室外风扇、冷凝器等组成。

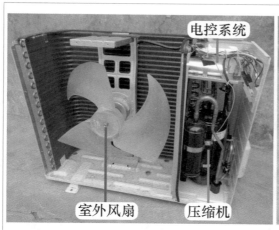

电控系统　　室外风扇　压缩机　　冷凝器　室外风机

图 1-33　主要部件

第二章

Chapter 2

空调器制冷系统基础知识

第一节　制冷系统工作原理和部件

一、单冷型空调器制冷系统

1. 制冷系统循环

单冷型空调器制冷循环原理图见图 2-1，实物图见图 2-2。

来自室内机蒸发器的低温低压制冷剂气体被压缩机吸气管吸入，压缩成高温高压气体，由排气管排入室外机冷凝器，通过室外风扇的作用，与室外的空气进行热交换而成为低温高压的制冷剂液体，经过毛细管的节流降压、降温后进入蒸发器，在室内风扇作用下，吸收房间内的热量（即降低房间内的温度）而成为低温低压的制冷剂气体，再被压缩机压缩，制冷剂的流动方向为①→②→③→④→⑤→⑥→⑦→①，如此周而复始地循环达到制冷的目的。制冷系统主要位置压力和温度见表 2-1。

➡ 说明：图中红线表示高温管路，蓝线表示低温管路。

表 2-1　制冷系统主要位置压力和温度

代号和位置		状　态	压　力	温　度
①：压缩机排气管		高温高压气体	2.0MPa	约 90℃
②：冷凝器进口		高温高压气体	2.0MPa	约 85℃
③：冷凝器出口（毛细管进口）		低温高压液体	2.0MPa	约 35℃
④：毛细管出口	⑤：蒸发器进口	低温低压液体	0.45MPa	约 7℃
⑥：蒸发器出口	⑦：压缩机吸气管	低温低压气体	0.45MPa	约 5℃

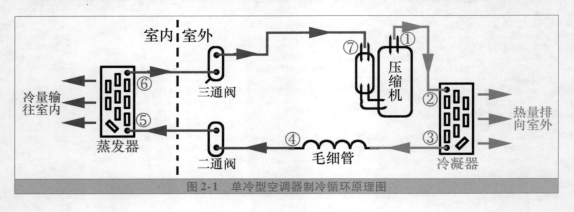

图 2-1　单冷型空调器制冷循环原理图

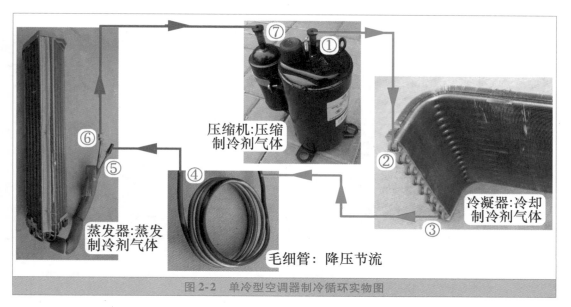

压缩机:压缩
制冷剂气体

冷凝器:冷却
制冷剂气体

蒸发器:蒸发
制冷剂气体

毛细管：降压节流

图2-2 单冷型空调器制冷循环实物图

2. 单冷型空调器制冷系统主要部件

单冷型空调器的制冷系统主要由压缩机、冷凝器、毛细管、蒸发器组成，称为制冷系统四大部件。

（1）压缩机

压缩机是制冷系统的"心脏"，将低温低压气体压缩成为高温高压气体。压缩机由电机部分和压缩部分组成。电机通电后运行，带动压缩部分工作，使吸气管吸入的低温低压制冷剂气体变为高温高压气体。

压缩机常见型式有3种：活塞式、旋转式、涡旋式，实物外形见图2-3。活塞式压缩机常见于老式柜式空调器中，通常为三相供电，现在已经很少使用；旋转式压缩机大量使用在1P～3P的挂式或柜式空调器中，通常使用单相供电，是目前最常见的压缩机；涡旋式压缩机通常使用在3P及以上柜式空调器中，通常使用三相供电，由于不能反向运行，使用此类压缩机的空调器室外机设有相序保护电路。

活塞式　旋转式　涡旋式

图2-3 压缩机

（2）冷凝器

冷凝器实物外形见图2-4，作用是将压缩机排气管排出的高温高压气体变为低温高压液体。压缩机排出的高温高压气体进入冷凝器后，吸收外界的冷量，此时室外风机运行，将冷凝器表面的高温排向外界，从而将高温高压气体冷凝为低温高压液体。

➡ **常见形式**：常见外观形状有单片式、双片式或更多。

图2-4　冷凝器

（3）毛细管

毛细管由于价格低及性能稳定，在定频空调器和变频空调器中大量使用，安装位置和实物外形见图2-5。目前部分变频空调器使用电子膨胀阀代替毛细管作为节流元件。

毛细管的作用是将低温高压液体变为低温低压液体。从冷凝器排出的低温高压液体进入毛细管后，由于管径突然变小并且较长，因此从毛细管排出的液体的压力已经很低，由于压力与温度成正比，此时制冷剂的温度也较低。

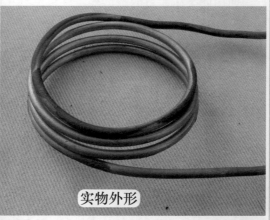

图2-5　毛细管

（4）蒸发器

蒸发器实物外形见图2-6，作用是吸收房间内的热量，降低房间温度。工作时毛细管排出的液体进入蒸发器后，低温低压液体蒸发吸热，使蒸发器表面温度很低，室内风机运行，将冷量输送至室内，降低房间温度。

➡ **常见形式：** 根据外观不同，常见有直板式、二折式、三折式或更多。

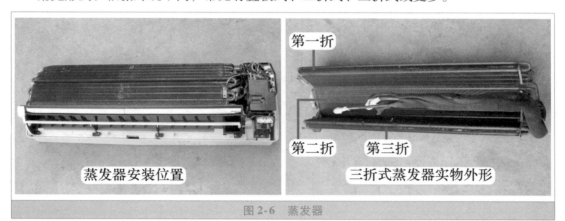

图2-6　蒸发器

二、　冷暖型空调器制冷系统

在单冷型空调器的制冷系统中增加四通阀，即可组成冷暖型空调器的制冷系统，此时系统既可以制冷，又可以制热。但在实际应用中，为提高制热效果，又增加了过冷管组（单向阀和辅助毛细管）。

1. 四通阀安装位置和作用

四通阀安装在室外机制冷系统中，作用是转换制冷剂流量的方向，从而将空调器转换为制冷或制热模式，见图2-7左图，四通阀组件包括四通阀和线圈。

见图2-7右图，四通阀连接管道共有4根，D口连接压缩机排气管、S口连接压缩机吸气管、C口连接冷凝器、E口连接三通阀（经管道至室内机蒸发器）。

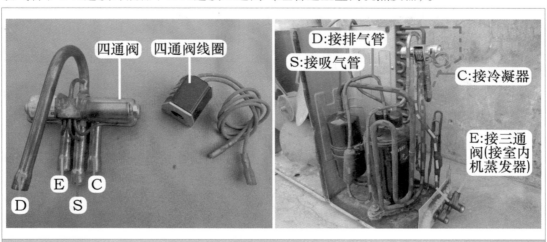

图2-7　四通阀组件和安装位置

2. 四通阀内部构造

见图 2-8，四通阀可细分为换向阀（阀体）、电磁导向阀、连接管道共 3 部分。

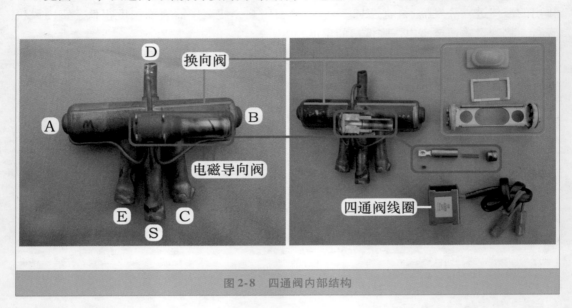

图 2-8　四通阀内部结构

（1）换向阀

将四通阀翻到背面，并割开阀体表面铜壳，见图 2-9，可看到换向阀内部器件，主要由阀块、左右 2 个活塞、连杆、弹簧组成。

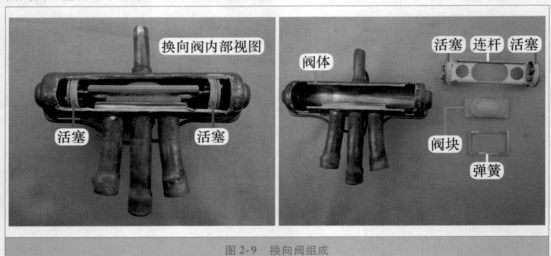

图 2-9　换向阀组成

活塞和连杆固定在一起，阀块安装在连杆上面，当活塞受到压力变化时其带动连杆左右移动，从而带动阀块左右移动。

见图 2-10 左图，当阀块移动至某一位置时使 S-E 管口相通，则 D-C 管口相通，压缩机排气管 D 排出高温高压气体经 C 管口至冷凝器，三通阀 E 连接压缩机吸气管 S，空调器处于制冷状态。

见图 2-10 右图，当阀块移动至某一位置时使 S-C 管口相通，则 D-E 管口相通，压缩机排气管 D 排出高温高压气体经 E 管口至三通阀连接室内机蒸发器，冷凝器 C 连接压缩机吸气管 S，空调器处于制热状态。

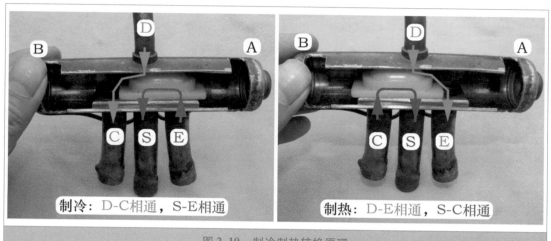

图 2-10　制冷制热转换原理

（2）电磁导向阀

电磁导向阀由导向毛细管和导向阀本体组成，见图 2-11。导向毛细管共有 4 根，分别连接压缩机排气管 D 管口、压缩机吸气管 S 管口、换向阀左侧 A 和换向阀右侧 B。导向阀本体安装在四通阀表面，内部由小阀块、衔铁、弹簧、堵头（设有四通阀线圈的固定螺钉）组成。

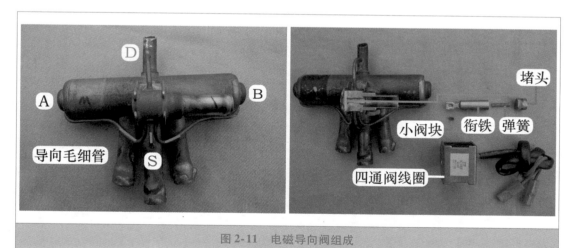

图 2-11　电磁导向阀组成

见图 2-12，导向阀连接 4 根导向毛细管，其内部设有 4 个管口，布局和换向阀类似，小阀块安装在衔铁上面，衔铁移动时带动小阀块移动，从而接通或断开导向阀内部下方 3 个管口。衔铁移动方向受四通阀线圈产生的电磁力控制，导向阀内部的阀块之所以称为"小阀块"，是为了和换向阀内部的阀块进行区分，2 个阀块所起的作用基本相同。

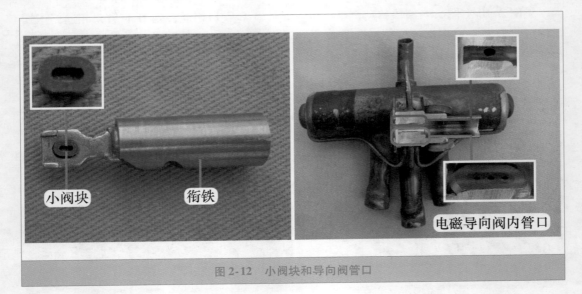

图 2-12　小阀块和导向阀管口

3. 制冷和制热模式转换原理

（1）制冷模式

当室内机主板未输出四通阀线圈供电，即希望空调器运行在制冷模式时。

室外机四通阀因线圈电压为交流 0V，见图 2-13，电磁导向阀内部衔铁在弹簧的作用下向左侧移动，使得 D 口和 B 侧的导向毛细管相通，S 口和 A 侧的导向毛细管相通，因 D 口连接压缩机排气管、S 口连接压缩机吸气管，因此换向阀 B 侧压力高、A 侧压力低。

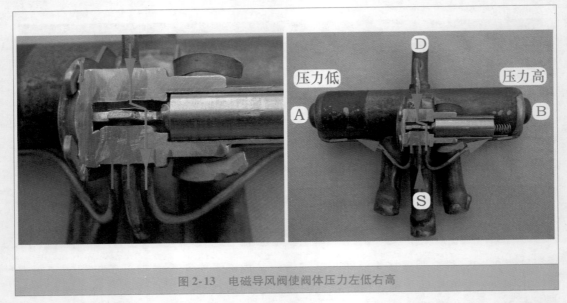

图 2-13　电磁导风阀使阀体压力左低右高

　　见图 2-14 和图 2-15，因换向阀 B 侧压力高于 A 侧，推动活塞向 A 侧移动，从而带动阀块使 S-E 管口相通，同时 D-C 管口相通，即压缩机排气管 D 和冷凝器 C 相通、压缩机吸气管 S 和连接室内机蒸发器的三通阀 E 相通，制冷剂流动方向为①→D→C→②→③→④→⑤→⑥→E→S→⑦→①，系统工作在制冷模式。制冷模式下系统主要位置压力和温度见表 2-1。

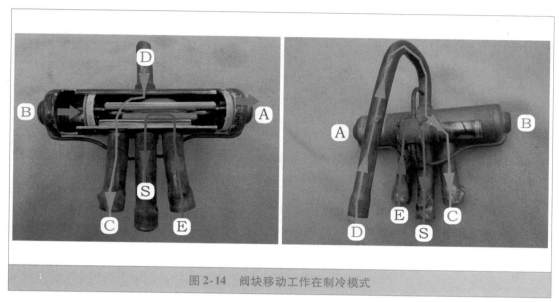

图 2-14　阀块移动工作在制冷模式

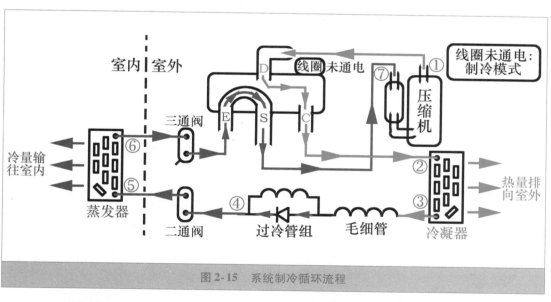

图 2-15　系统制冷循环流程

（2）制热模式

当室内机主板输出四通阀线圈供电，即希望空调器处于制热模式时。

见图 2-16，室外机四通阀线圈电压为交流 220V，产生电磁力，使电磁导向阀内部衔铁克服弹簧的阻力向右侧移动，使得 D 口和 A 侧的导向毛细管相通、S 口和 B 侧的导向毛细管相通，因此换向阀 A 侧压力高、B 侧压力低。

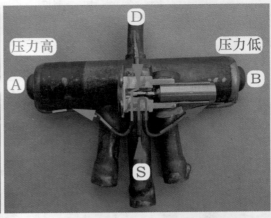

图 2-16　电磁导向阀使阀体压力左高右低

　　见图 2-17 和图 2-18，因换向阀 A 侧压力高于 B 侧压力，推动活塞向 B 侧移动，从而带动阀块使 S-C 管口相通、同时 D-E 管口相通，即压缩机排气管 D 和连接室内机蒸发器的三通阀 E 相通、压缩机吸气管 S 和冷凝器 C 相通，制冷剂流动方向为①→D→E→⑥→⑤→④→③→②→C→S→⑦→①，系统工作在制热模式。制热模式下系统主要位置压力和温度见表 2-2。

表 2-2　制热模式下制冷系统主要位置压力和温度

代号和位置		状　态	压　力	温　度
①：压缩机排气管		高温高压气体	2.2MPa	约80℃
⑥：蒸发器出口		高温高压气体	2.2MPa	约70℃
⑤：蒸发器进口	④：辅助毛细管出口	低温高压液体	2.2MPa	约50℃
③：冷凝器出口（毛细管进口）		低温低压液体	0.2MPa	约7℃
②：冷凝器进口	⑦：压缩机吸气管	低温低压气体	0.2MPa	约5℃

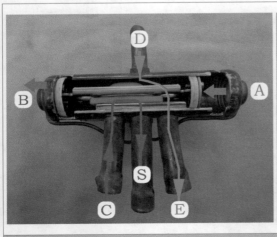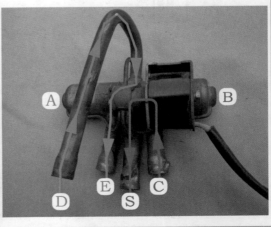

图 2-17　阀块移动工作在制热模式

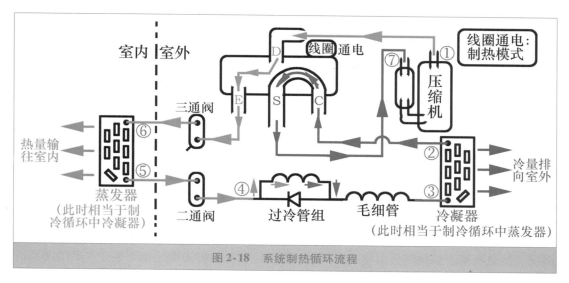

图 2-18　系统制热循环流程

4. 单向阀与辅助毛细管（过冷管组）

过冷管组实物外形见图 2-19，作用是在制热模式下延长毛细管的长度，降低蒸发压力，蒸发温度也相应降低，能够从室外吸收更多的热量，从而增加制热效果。

辨认方法：辅助毛细管和单向阀并联，单向阀具有方向之分，带有箭头的一端接二通阀铜管。

单向阀具有单向导通特性，制冷模式下直接导通，辅助毛细管不起作用；制热模式下单向阀截止，制冷剂从辅助毛细管通过，延长毛细管的总长度，从而提高制热效果。

图 2-19　单向阀与辅助毛细管

（1）制冷模式（见图 2-20 左图）

制冷剂流动方向为压缩机排气管→四通阀→冷凝器（①）→单向阀（②）→毛细管（④）→过滤器（⑤）→二通阀（⑥）→连接管道→蒸发器→三通阀→四通阀→压缩机吸气管，完成循环过程。

此时单向阀方向标识和制冷剂流通方向一致，单向阀导通，短路辅助毛细管，辅助毛细管不起作用，由毛细管独自节流。

（2）制热模式（见图2-20右图）

制冷剂流动方向为压缩机排气管→四通阀→三通阀→蒸发器（相当于冷凝器）→连接管道→二通阀（⑥）→过滤器（⑤）→毛细管（④）→辅助毛细管（③）→冷凝器出口（①）（相当于蒸发器进口）→四通阀→压缩机吸气管，完成循环过程。

此时单向阀方向标识和制冷剂流通方向相反，单向阀截止，制冷剂从辅助毛细管流过，由毛细管和辅助毛细管共同节流，延长了毛细管的总长度，降低了蒸发压力，蒸发温度也相应下降，此时室外机冷凝器可以从室外吸收到更多的热量，从而提高制热效果。

举个例子说，假如毛细管节流后对应的蒸发压力为0℃，那么这台空调器室外温度在0℃以上时，制热效果还可以，但在0℃以下，制热效果则会明显下降；如果毛细管和辅助毛细管共同节流，延长毛细管的总长度后，假如对应的蒸发温度为−5℃，那么这台空调器室外温度在0℃以上时，由于蒸发温度低，温差较大，因而可以吸收更多的热量，从而提高制热效果，如果室外温度在−5℃，制热效果和不带辅助毛细管的空调器在0℃时基本相同，这说明辅助毛细管工作后减少了空调器对温度的限制范围。

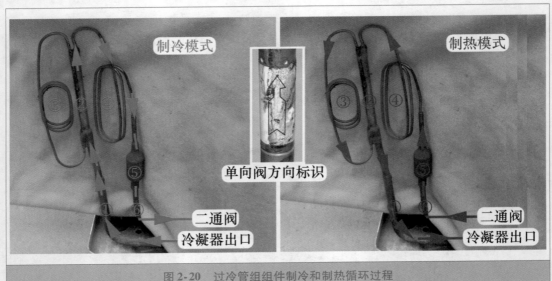

图2-20　过冷管组组件制冷和制热循环过程

第二节　常用维修技能

一、缺氟分析

空调器常见漏氟部位见图2-21。

1. 连接管道漏氟

① 加长连接管道焊点有沙眼，系统漏氟。

② 连接管道本身质量不好有沙眼，系统漏氟。

③ 安装空调器时管道弯曲过大，管道握瘪有裂纹，系统漏氟。

④ 加长管道使用快速接头，喇叭口处理不好而导致漏氟。

2. 室内机和室外机接口漏氟

① 安装或移机时接口未拧紧，系统漏氟。

② 安装或移机时液管（细管）螺母拧得过紧将喇叭口拧脱落，系统漏氟。

③ 多次移机时拧紧松开螺母，导致喇叭口变薄或脱落，系统漏氟。

④ 安装空调器时快速接头螺母与螺钉（俗称螺丝）未对好，拧紧后密封不严，系统漏氟。

⑤ 加长管道时喇叭口扩口偏小，安装后密封不严，系统漏氟。

⑥ 紧固螺母裂，系统漏氟。

3. 室内机漏氟

① 室内机快速接头焊点有沙眼，系统漏氟。

② 蒸发器管道有沙眼，系统漏氟。

4. 室外机漏氟

① 二通阀和三通阀阀芯损坏，系统漏氟。

② 二通阀和三通阀堵帽未拧紧，系统漏氟。

③ 三通阀检修口顶针坏，系统漏氟。

④ 室外机机内管道有裂纹（重点检查：压缩机排气管和吸气管，四通阀连接的 4 根管道，冷凝器进口部位，二通阀和三通阀连接铜管）。

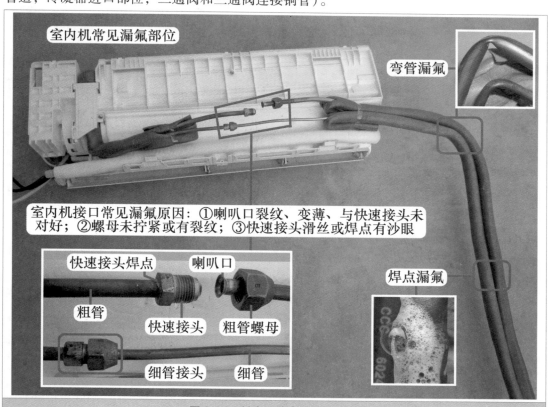

图 2-21　制冷系统常见漏氟部位

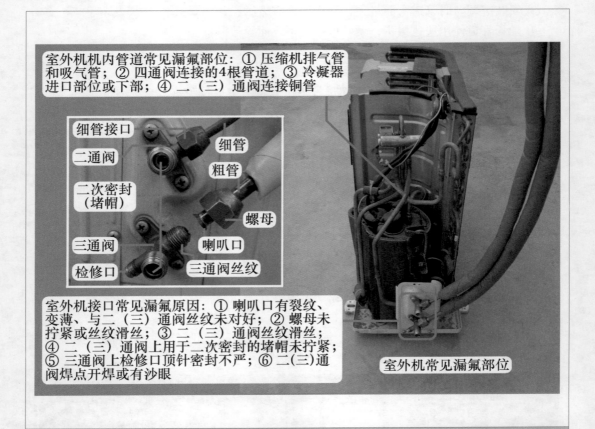

室外机机内管道常见漏氟部位：① 压缩机排气管和吸气管；② 四通阀连接的4根管道；③ 冷凝器进口部位或下部；④ 二（三）通阀连接铜管

细管接口
二通阀
二次密封（堵帽）
三通阀
检修口
细管
粗管
螺母
喇叭口
三通阀丝纹

室外机接口常见漏氟原因：① 喇叭口有裂纹、变薄、与二（三）通阀丝纹未对好；② 螺母未拧紧或丝纹滑丝；③ 二（三）通阀丝纹滑丝；④ 二（三）通阀上用于二次密封的堵帽未拧紧；⑤ 三通阀上检修口顶针密封不严；⑥ 二（三）通阀焊点开焊或有沙眼

室外机常见漏氟部位

图 2-21　制冷系统常见漏氟部位（续）

二、　系统检漏

　　空调器不制冷或制冷效果不好，检查故障为系统缺氟引起时，在加氟之前要查找漏点并处理。如果只是盲目加氟，由于漏点还存在，空调器还会出现同样故障。在检修漏氟故障时，应先询问用户，空调器是突然出现故障还是缓慢出现故障，检查是新装机还是使用一段时间的空调器，根据不同情况选择重点检查部位。

1. 检查系统压力

　　关机并拔下空调器电源（防止在检查过程中发生危险），在三通阀检修口接上压力表，观察此时的静态压力。

　　① 0～0.5MPa：无氟故障，此时应向系统内加注气态制冷剂，使静态压力达到0.6MPa 或更高压力，以便于检查漏点。

　　② 0.6MPa 或更高压力：缺氟故障，此时不用向系统内加注制冷剂，可直接用泡沫检查漏点。

2. 检漏技巧

　　氟 R22 与压缩机润滑油能互溶，因而氟 R22 泄漏时通常会将润滑油带出，也就是说制冷系统有油迹的部位就极有可能为漏氟部位，应重点检查。如果油迹有很长的一段，则应检查处于最高位置的焊点或系统管道。

　　3. 重点检查部位

　　漏氟故障重点检查部位见图2-22、图2-23、图2-24，具体如下。

　　① 新装机（或移机）：室内机和室外机连接管道的4个接头，二通阀和三通阀堵帽，以及加长管道焊接部位。

　　② 正常使用的空调器突然不制冷：压缩机吸气管和排气管、系统管路焊点、毛细管、四通阀连接管道和根部。

　　③ 逐渐缺氟故障：室内机和室外机连接管道的4个接头。更换过系统元件或补焊过管道的空调器还应检查焊点。

　　④ 制冷系统中有油迹的位置。

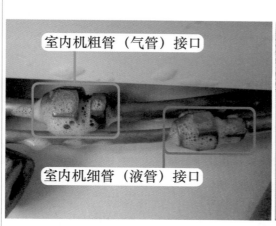
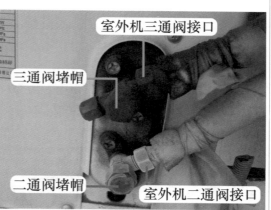

图 2-22　漏氟故障重点检查部位（1）

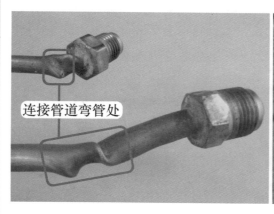

图 2-23　漏氟故障重点检查部位（2）

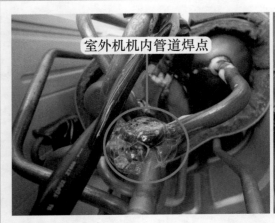

室外机机内管道焊点

有油迹的部位

图 2-24 漏氟故障重点检查部位（3）

4. 检漏方法

用水将毛巾（或海绵）淋湿，以不向下滴水为宜，倒上洗洁精，轻揉至出现丰富泡沫，见图 2-25，将泡沫涂在需要检查的部位，观察是否向外冒泡，冒泡说明检查部位有漏氟故障，没有冒泡说明检查部位正常。

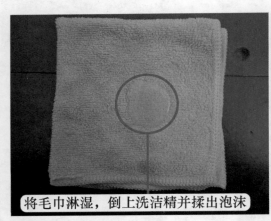

将泡沫涂在需要检查的部位,观察是否向外冒气泡

将毛巾淋湿，倒上洗洁精并揉出泡沫

图 2-25 泡沫检漏

5. 漏点处理方法

① 系统焊点漏：补焊漏点。

② 四通阀根部漏：更换四通阀。

③ 喇叭口管壁变薄或脱落：重新扩口。

④ 接头螺母未拧紧：拧紧接头螺母。

⑤ 二、三通阀或室内机快速接头丝纹坏：更换二、三通阀或快速接头。

⑥ 接头螺母有裂纹或丝纹坏：更换连接螺母。

6. 微漏故障检修方法

制冷系统慢漏故障，如果因漏点太小或比较隐蔽，使用上述方法未检查出漏点时，可以使用以下步骤来检查。

（1）区分故障部位

当系统为平衡压力时，接上压力表并记录此时的系统压力值后取下，关闭二通阀和三通阀的阀芯，将室内机和室外机的系统分开保压。

等待一段时间后（根据漏点大小决定），再接上压力表，慢慢打开三通阀阀芯，查看压力表表针是上升还是下降：如果是上升，说明室外机的压力高于室内机，故障在室内机，重点检查蒸发器和连接管道；如果是下降，说明室内机的压力高于室外机，故障在室外机，重点检查冷凝器和室外机内管道。

（2）增加检漏压力

由于氟的静态压力最高约为1MPa，对于漏点较小的故障部位，应增加系统压力来检查。如果条件具备可使用氮气，氮气瓶通过连接管经压力表，将氮气直接充入空调器制冷系统，静态压力能达到2MPa。

危险提示：压力过高的氧气遇到压缩机的冷冻油将会自燃导致压缩机爆炸，因此严禁将氧气充入制冷系统用于检漏，切记！切记！

（3）将制冷系统放入水中

如果区分故障部位和增加检漏压力之后，仍检查不到漏点，可将怀疑的系统部分（如蒸发器或冷凝器）放入清水之中，通过观察冒出的气泡来查找漏点。

第三节　收氟和排空

移机、更换连接管道、焊接蒸发器之前，都要对空调器进行收氟，操作完成后要对系统排空，收氟和排空也是系统维修中最常用的技能之一，本节对此进行详细讲解。

一、　收氟

收氟即回收制冷剂，将室内机蒸发器和连接管道的制冷剂回收至室外机冷凝器的过程，是移机或维修蒸发器、连接管道前的一个重要步骤。收氟时必须将空调器运行在制冷模式下，且压缩机正常运行。

1. 开启空调器方法

如果房间温度较高（夏季），则可以用遥控器直接选择制冷模式，温度设定到最低16℃即可。

如果房间温度较低（冬季），应参照图2-26，选择以下2种方法其中的1种。

① 用温水加热（或用手捏住）室内环温传感器探头，使之检测温度上升，再用遥控器设定制冷模式开机收氟。

② 制热模式下在室外机接线端子处取下四通阀线圈引线，强制断开四通阀线圈供电，空调器即运行在制冷模式下。注意：使用此种方法一定要注意用电安全，可先断开引线

再开机收氟。

➡ 说明：某些品牌的空调器，如按压"应急按钮（开关）"按键超过 5s，也可使空调器运行在应急制冷模式下。

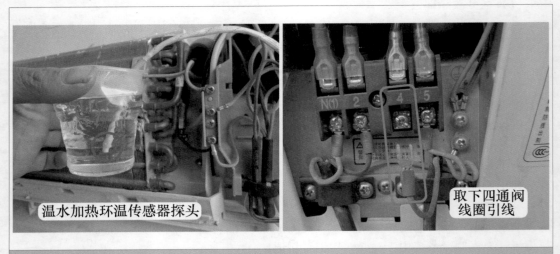

温水加热环温传感器探头

取下四通阀线圈引线

图 2-26　强制制冷开机的 2 种方法

2. 收氟操作步骤

收氟操作步骤见图 2-27、图 2-28、图 2-29。

① 取下室外机二通阀和三通阀的堵帽。

② 用内六方扳手关闭二通阀阀芯，蒸发器和连接管道的制冷剂通过压缩机排气管存储在室外机的冷凝器中。

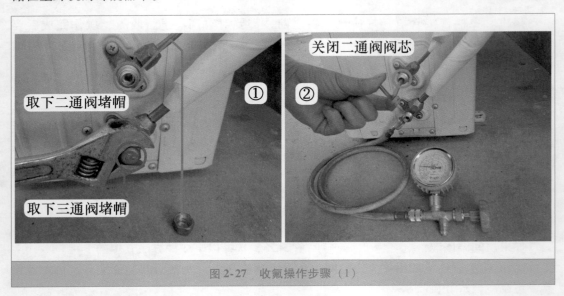

取下二通阀堵帽

取下三通阀堵帽

①

②

关闭二通阀阀芯

图 2-27　收氟操作步骤（1）

③ 在室外机（主要指压缩机）运行约 40s 后（本处指 1P 空调器运行时间），关闭三通阀阀芯。如果对时间掌握不好，可以在三通阀检修口接上压力表，观察压力回到负压

范围内时再快速关闭三通阀阀芯。

④ 压缩机运行时间符合要求或压力表指针回到负压范围内时，快速关闭三通阀阀芯。

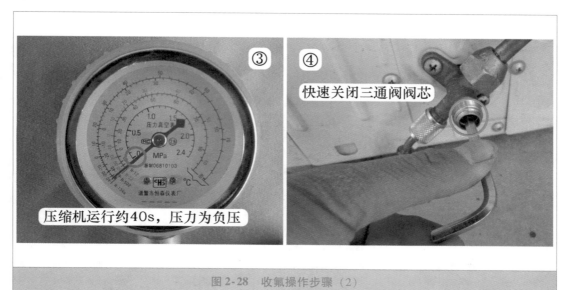

③

④

快速关闭三通阀阀芯

压缩机运行约40s，压力为负压

图2-28　收氟操作步骤（2）

⑤ 遥控器关机，拔下电源插头，并使用扳手取下细管螺母和粗管螺母。

⑥ 在室外机接口处取下连接管道中气管（粗管）和液管（细管）螺母，并用胶布封闭接口，防止管道内进入水分或脏物，并拧紧二通阀和三通阀堵帽。

⑦ 如果需要拆除室外机，在室外机接线端子处取下室内外机连接线，再取下室外机的4个底脚螺钉后即可。

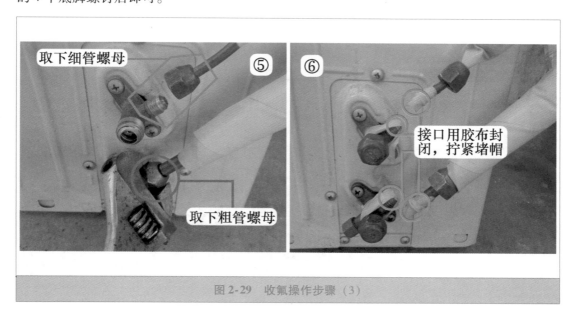

取下细管螺母

⑤

⑥

取下粗管螺母

接口用胶布封闭，拧紧堵帽

图2-29　收氟操作步骤（3）

二、 冷凝器中有制冷剂时的排空方法

排空是指空调器新装机或移机时安装完毕后，通过使用冷凝器中的制冷剂将室内机蒸发器和连接管道内空气排出的过程，操作步骤见图2-30、图2-31、图2-32。

➡ 说明：排空完成后要用肥皂泡沫检查接口，防止出现漏氟故障。

① 将液管（细管）螺母接在二通阀上并拧紧。

② 将气管（粗管）螺母接在三通阀上但不拧紧。

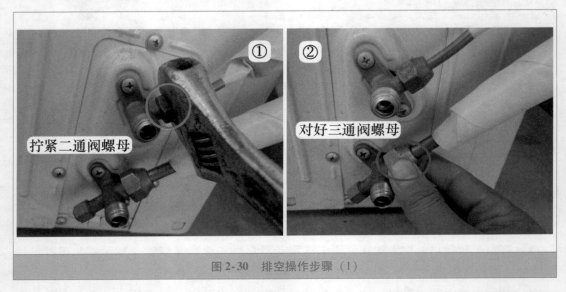

图2-30　排空操作步骤（1）

③ 用内六方扳手将二通阀阀芯逆时针旋转打开90°角，存在冷凝器内的制冷剂气体将室内机蒸发器、连接管道内的空气从三通阀螺母处排出。

④ 约30s后拧紧三通阀螺母。

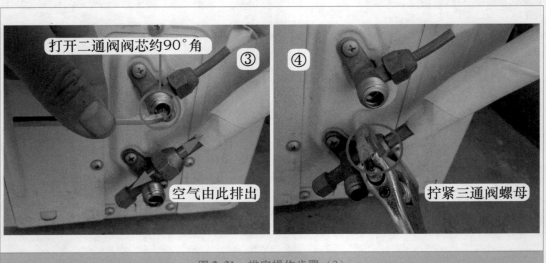

图2-31　排空操作步骤（2）

⑤ 用内六方扳手完全打开二通阀和三通阀阀芯。

⑥ 安装二通阀和三通阀堵帽并拧紧。

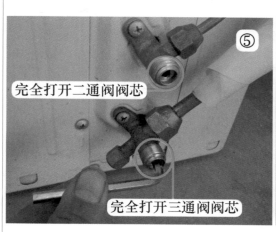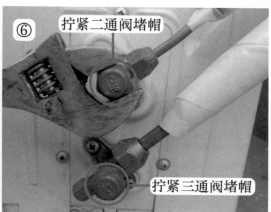

图 2-32　排空操作步骤（3）

三、　冷凝器中无制冷剂时的排空方法

空气为不可压缩的气体，系统中如含有空气会使高压、低压上升，增加压缩机的负荷，同时制冷效果也会变差；空气中含有的水分则会使压缩机线圈绝缘下降，缩短其寿命；制冷过程中水分容易在毛细管部位堵塞，形成冰堵故障；因而在更换系统部件（如压缩机、四通阀）或维修由系统铜管产生裂纹导致的无氟故障，焊接完毕后在加氟之前要将系统内的空气排除，常用方法有真空泵抽真空和使用氟 R22 顶空。

1. 真空泵抽真空

真空泵是排除系统空气的专用工具，实物外形见图 2-33 左图，可将空调器制冷系统内真空度达到 $-0.1MPa$（即 $-760mmHg$）。

真空泵吸气口通过加氟管连接至压力表接口，接口根据品牌不同也不相同，有些为英制接口，有些为公制接口；真空泵排气口则是将吸气口吸入的制冷系统内的空气排向室外。

图 2-33 右图为抽真空时真空泵的连接方法。使用 1 根加氟管连接室外机三通阀检修口和压力表，1 根加氟管连接压力表和真空泵吸气口，开启真空泵电源，再打开压力表开关，制冷系统内的空气便从真空泵排气口排出，运行一段时间（一般需要 20min 左右）达到真空度要求后，首先关闭压力表开关，再关闭真空泵电源，将加氟管连接至氟瓶并排除加氟管中的空气后，即可为空调器加氟。

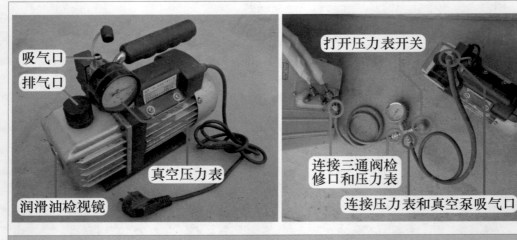

吸气口
排气口
打开压力表开关
真空压力表
连接三通阀检修口和压力表
润滑油检视镜
连接压力表和真空泵吸气口

图 2-33　抽真空示意图

（1）压力表真空度对比

抽真空前：见图 2-34 左图，制冷系统内含有的空气和大气压力相等，约等于 0MPa。

抽真空后：见图 2-34 右图，真空泵将制冷系统内的空气抽出后，压力约等于 −0.1MPa。

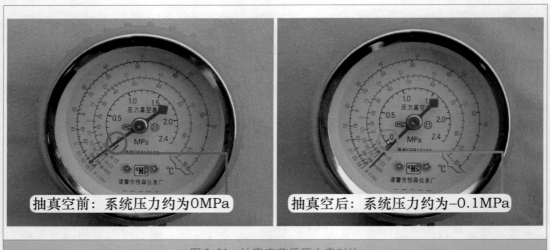

抽真空前：系统压力约为 0MPa
抽真空后：系统压力约为 −0.1MPa

图 2-34　抽真空前后压力表对比

（2）真空表真空度对比

如果真空泵上安装有真空表，更可以直观表现系统真空度。

抽真空前：见图 2-35 左图，制冷系统内含有的空气和大气压力相等，约为 820mbar（82kPa）。

抽真空中：见图 2-35 中图，开启真空泵电源后，系统内的空气排向室外，真空度也在逐渐下降。

抽真空后：见图 2-35 右图，系统内真空度达到要求后，真空表指针指示为深度负压。

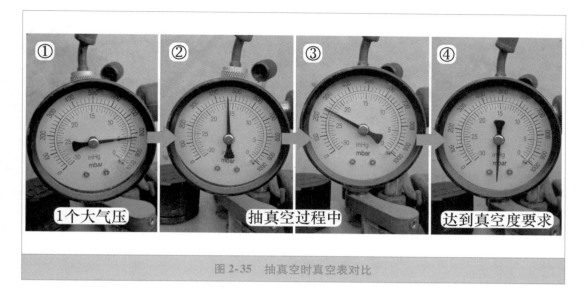

图 2-35　抽真空时真空表对比

2. 使用氟 R22 顶空

系统充入氟 R22 将空气顶出，同样能达到排除空气的目的，用氟 R22 顶空操作步骤见图 2-36、图 2-37、图 2-38。

① 在二通阀处取下细管螺母，并完全打开二通阀阀芯。

② 在三通阀处拧紧粗管螺母，并完全打开三通阀阀芯。

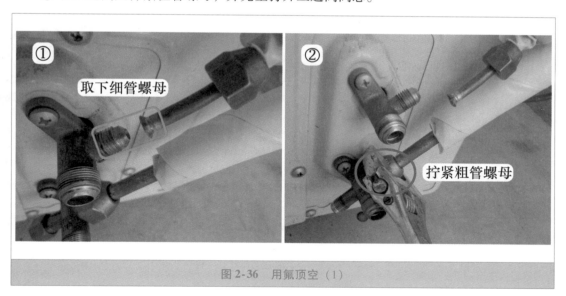

图 2-36　用氟顶空（1）

③ 从三通阀检修口充入氟 R22，通过调整压力表开关的开启角度可以调节顶空的压力，避免顶空过程中压力过大。

④ 室外机的空气从二通阀处向外排出，室内机和连接管道的空气从细管喇叭口处向外排出。

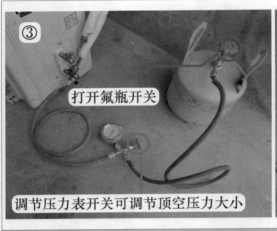

打开氟瓶开关

调节压力表开关可调节顶空压力大小

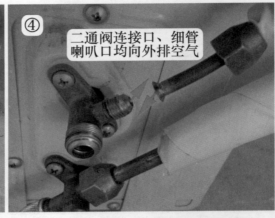

二通阀连接口、细管喇叭口均向外排空气

图 2-37　用氟顶空（2）

⑤ 室内机和连接管道的空气排除较快，而室外机有毛细管和压缩机的双重阻碍作用，所以室外机的顶空时间应长于室内机，用手堵住连接管道中细管的喇叭口，此时只有室外机二通阀处向外排空，这样可以减少氟 R22 的浪费。

⑥ 一段时间后将细管螺母连接在二通阀并拧紧，此时系统内空气已排除干净，开机即可为空调器加氟。注意在拧紧细管螺母过程中，应将压力表开关打开一些，使二通阀处和细管喇叭口处均向外排气时再拧紧。

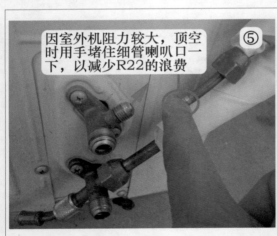

因室外机阻力较大，顶空时用手堵住细管喇叭口一下，以减少R22的浪费

拧紧细管螺母

图 2-38　用氟顶空（3）

第四节　加　　氟

分体式空调器室内机和室外机使用管道连接，并且可以根据实际情况加长管道，方便了安装，但由于增加了接口部位，导致空调器漏氟的可能性加大。而缺氟是最常见的

故障之一，为空调器加氟是需要掌握的最基本的维修技能。

一、　加氟工具和步骤

1. 加氟基本工具

（1）制冷剂钢瓶

制冷剂钢瓶实物外形见图 2-39，俗称氟瓶，用来存放制冷剂。因目前空调器使用的制冷剂有 2 种，早期和目前通常为 R22，而目前新出厂的变频空调器通常使用 R410A。为了便于区分，2 种钢瓶的外观颜色设计也不相同，R22 钢瓶为绿色，R410A 为粉红色。

上门维修通常使用充注量为 6kg 的 R22 钢瓶，以及充注量为 13.6kg 的 R410A 钢瓶，6kg 钢瓶通常为公制接口，13.6kg 或 22.7kg 钢瓶通常为英制接口，在选择加氟管时应注意。

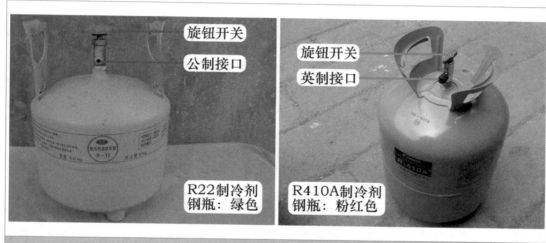

旋钮开关
公制接口
R22制冷剂钢瓶：绿色

旋钮开关
英制接口
R410A制冷剂钢瓶：粉红色

图 2-39　制冷剂钢瓶

（2）压力表组件

压力表组件实物外形见图 2-40，由三通阀（A 口、B 口、压力表接口）和压力表组成，本书简称为压力表，作用是测量系统压力。

三通阀 A 口为公制接口，通过加氟管连接空调器三通阀检修口；三通阀 B 口为公制接口，通过加氟管可连接氟瓶、真空泵等；压力表接口为专用接口，只能连接压力表。

压力表开关控制三通阀接口的状态。压力表开关处于关闭状态时，A 口与压力表接口相通、A 口与 B 口断开；压力表开关处于打开状态时，A 口、B 口、压力表接口相通。

压力表无论有几种刻度，只有印有 MPa 或 kg/cm^2 的刻度才是压力数值，其他刻度（例如℃）在维修空调器时一般不用查看。

➡ 说明：$1MPa \approx 10kg/cm^2$。

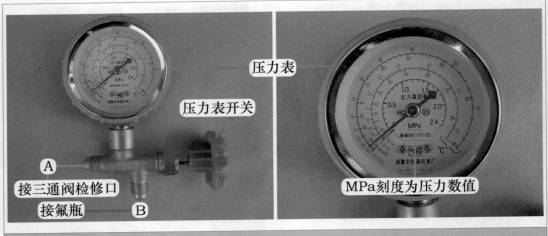

图 2-40　压力表组件

（3）加氟管

加氟管实物外形见图 2-41 左图，作用是连接压力表接口、真空泵、空调器三通阀检修口、氟瓶、氮气瓶等。一般有 2 根即可，1 根接头为公制-公制，连接压力表和氟瓶；1 根接头为公制-英制，连接压力表和空调器三通阀检修口。

公制和英制接头的区别方法见图 2-41 右图，中间设有分隔环的为公制接头，中间未设分隔环的为英制接头。

➡ 说明：空调器三通阀检修口一般为英制接口，另外加氟管的选取应根据压力表接口（公制或英制）、氟瓶接口（公制或英制）来决定。

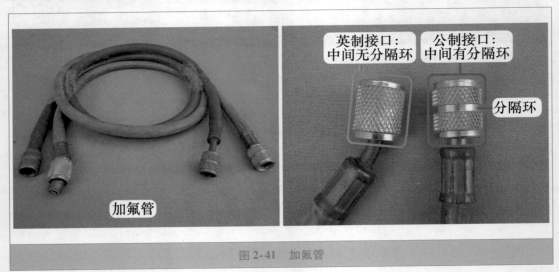

图 2-41　加氟管

（4）转换接头

转换接头实物外形见图 2-42 左图，作用是作为搭桥连接，常见有公制转换接头和英制转换接头。

见图 2-42 中图和右图，例如加氟管一端为英制接口，而氟瓶为公制接头，不能直接连接。使用公制转换接头可解决这一问题，转换接头一端连接加氟管的英制接口，一端连接氟瓶的公制接头，使英制接口的加氟管通过转换接头连接到公制接头的氟瓶。

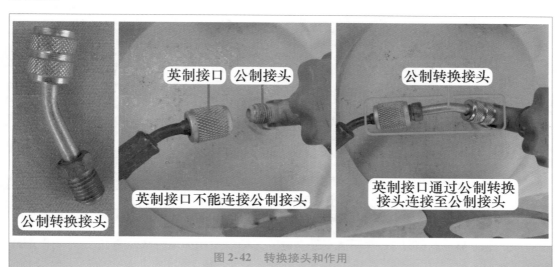

图 2-42　转换接头和作用

2. 加氟方法

图 2-43 为加氟管和三通阀顶针。

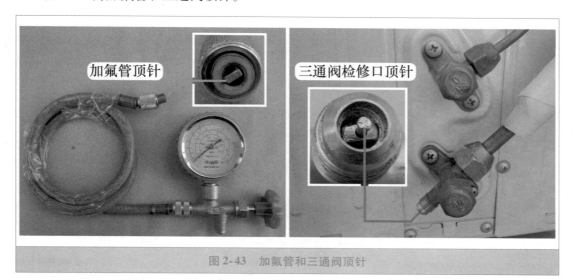

图 2-43　加氟管和三通阀顶针

加氟操作步骤见图 2-44。

① 首先关闭压力表开关，将带顶针的加氟管一端连接三通阀检修口，此时压力表显示系统压力：空调器未开机时为静态压力，开机后为系统运行压力。

② 另外 1 根加氟管连接压力表和氟瓶，空调器以制冷模式开机，压缩机运行后，观察系统运行压力，如果缺氟，打开氟瓶开关和压力表开关，由于氟瓶的氟压力高于系统运行压力，位于氟瓶的氟进入空调器制冷系统，即为加氟。

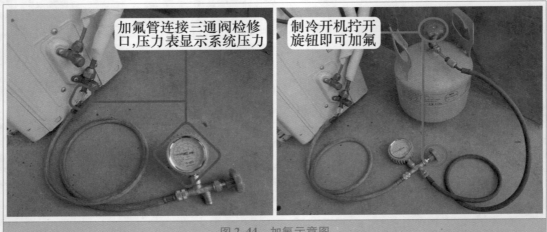

图 2-44　加氟示意图

二、　制冷模式下的加氟方法

　　注：本小节电流值以 1P 空调器室外机电流（即压缩机和室外风机电流）为例，正常电流约为 4A。

　　1. 缺氟标志

　　制冷模式下系统缺氟标志见图 2-45、图 2-46，具体数据如下。

　　① 二通阀结霜、三通阀温度接近常温。

　　② 蒸发器局部结霜或局部结露。

　　③ 系统运行压力低，低于 0.45MPa。

　　④ 运行电流小。

　　⑤ 蒸发器温度分布不均匀，前半部分是凉的，后半部分是温的。

　　⑥ 室内机出风口温度不均匀，一部分是凉的，一部分是温的。

　　⑦ 冷凝器温度上部是温的，中部和下部接近常温。

　　⑧ 二通阀结露，三通阀温度接近常温。

　　⑨ 室外侧水管没有冷凝水排出。

图 2-45　制冷缺氟标志（1）

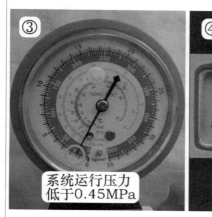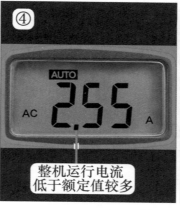

系统运行压力
低于0.45MPa

整机运行电流
低于额定值较多

室外侧水管没
有冷凝水流出

图 2-46　制冷缺氟标志（2）

2. 快速判断空调器缺氟的经验

① 二通阀结露，三通阀温度是温的，手摸蒸发器一半是凉的，一半是温的，室外机出风口吹出的风不热。

② 二通阀结霜，三通阀温度是温的，室外机出风口吹出的风不热。

➡ 说明：以上2种情况均能大致说明空调器缺氟，具体原因还是接上压力表、电流表根据测得的数据综合判断。

3. 加氟技巧

① 接上压力表和电流表，同时监测系统压力和电流进行加氟，当氟加至0.45MPa左右时，再用手摸三通阀温度，如低于二通阀温度，则说明系统内氟充注量已正常。

② 制冷系统管路有裂纹导致系统无氟引起不制冷故障，或更换压缩机后系统需要加氟时，如果开机后为液态加注，则压力加到0.35MPa时应停止加注，将空调器关闭，等3~5min系统压力平衡后再开机运行，根据运行压力再决定是否需要补氟。

4. 正常标志（制冷开机运行20min后）

制冷模式下系统正常标志见图2-47、图2-48、图2-49，具体数据如下。

① 系统压力接近0.45MPa。

② 运行电流等于或接近额定值。

③ 二、三通阀均结露。

④ 三通阀温度冰凉，并且低于二通阀温度。

⑤ 蒸发器全部结露，手摸整体温度较低并且均匀。

⑥ 冷凝器上部热、中部温、下部为常温，室外机出风口同样为上部热、中部温、下部接近自然风。

⑦ 室内机出风口吹出温度较低，并且均匀。正常标准为室内房间温度（即进风口温度）减去出风口温度应大于9℃。

⑧ 室外侧水管有冷凝水流出。

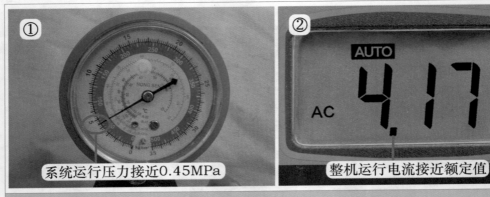

① 系统运行压力接近0.45MPa

② 整机运行电流接近额定值

图2-47　制冷正常标志（1）

③ 三通阀结露
二通阀结露

⑤ 蒸发器全部结露、温度较低且均匀

图2-48　制冷正常标志（2）

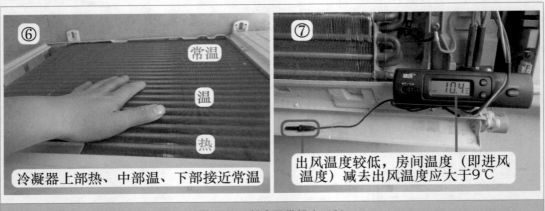

⑥ 常温
温
热

冷凝器上部热、中部温、下部接近常温

⑦ 出风温度较低，房间温度（即进风温度）减去出风温度应大于9℃

图2-49　制冷正常标志（3）

5. 快整判断空调器正常的技巧

三通阀温度较低，并且低于二通阀温度；蒸发器全面结露并且温度较低；冷凝器上部热、中部温、下部接近常温。

6. 加氟过量的故障现象

① 二通阀温度为常温，三通阀温度凉。

② 室外机出风口吹出的风温度较热，明显高于正常温度，此现象接近于冷凝器脏堵。

③ 室内机出风口温度较高，且随着运行压力上升也逐渐上升。

④ 制冷系统压力较高。

第五节　制冷系统故障维修基础

一、　根据二通阀和三通阀温度判断故障

1. 二通阀结露、三通阀结露

手摸二通阀和三通阀冰凉，见图 2-50，是空调器制冷系统正常的表现。

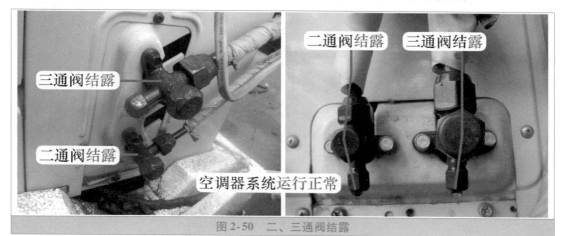

图 2-50　二、三通阀结露

2. 二通阀干燥、三通阀干燥

（1）故障现象

手摸二通阀和三通阀均接近常温，见图 2-51，常见故障为系统无氟、压缩机未运行、压缩机阀片击穿等。

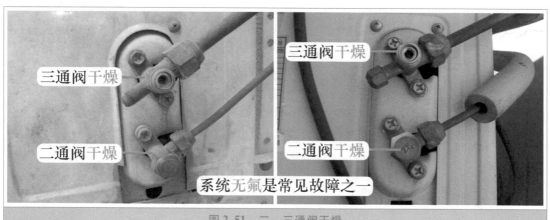

图 2-51　二、三通阀干燥

（2）常见原因

将空调器开机，在三通阀检修口接上压力表，见图2-52，观察系统运行压力，如压力为负压或接近0MPa，可判断为系统无氟，直接进行加氟处理。如为静态压力（夏季约0.7~1.1MPa），说明制冷系统未工作，此时应检查压缩机供电电压，如果为交流0V，说明室内机主板未供电，应检查室内机主板或室内外机连接线。如果电压为交流220V，说明室内机主板已输出供电，此时再测量压缩机引线电流，如电流一直为0A，故障可能为压缩机线圈开路、连接线与压缩机接线端子接触不良、压缩机外置热保护器开路等；如电流约为额定值的30%~50%，故障可能为压缩机窜气（即阀片击穿）；如电流接近或超过20A，则为压缩机起动不起来，应首先检查或代换压缩机电容，如果电容正常，故障可能为压缩机卡缸。

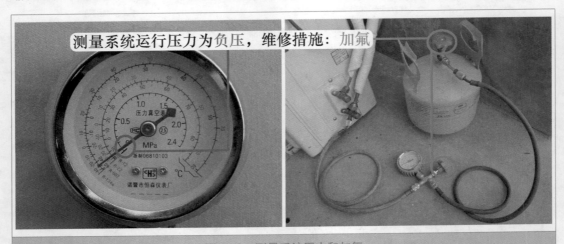

图2-52　测量系统压力和加氟

3. 二通阀结霜（或结露）、三通阀干燥

（1）故障现象

手摸二通阀是凉的、三通阀接近常温，见图2-53，常见故障为缺氟。由于系统缺氟，毛细管节流后的压力更低，因而二通阀结霜。

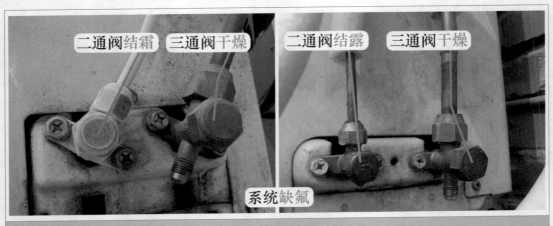

图2-53　二通阀结霜和三通阀干燥

（2）常见原因

将空调器开机，见图 2-54，测量系统运行压力，低于 0.45MPa 均可理解为缺氟，通常运行压力为 0.05～0.15MPa 时二通阀结霜，为 0.2～0.35MPa 时二通阀结露。结霜时可认为是严重缺氟，结露时可认为是轻微缺氟。

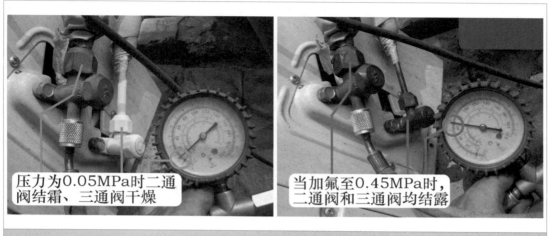

压力为0.05MPa时二通阀结霜、三通阀干燥

当加氟至0.45MPa时，二通阀和三通阀均结露

图 2-54　测量系统压力和加氟

4. 二通阀干燥、三通阀结露

（1）故障现象

手摸二通阀接近常温或微凉、三通阀冰凉，见图 2-55，常见故障为冷凝器散热不好。由于某种原因使得冷凝器散热不好，造成冷凝压力升高，毛细管节流的压力也相应升高，由于压力与温度成正比，二通阀温度为凉或温，因此二通阀表面干燥，但由于进入蒸发器的制冷剂迅速蒸发，因此三通阀结露。

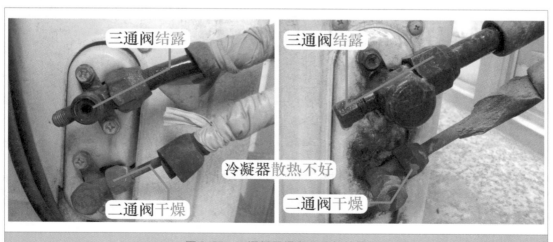

三通阀结露

三通阀结露

冷凝器散热不好

二通阀干燥

二通阀干燥

图 2-55　二通阀干燥和三通阀结露

（2）常见原因

首先观察冷凝器背部，见图 2-56，如果被尘土或毛絮堵死，应清除毛絮或表面尘土

后，再用清水清洗冷凝器；如果冷凝器干净，则为室外风机转速慢，常见原因为室外风机电容容量变小。

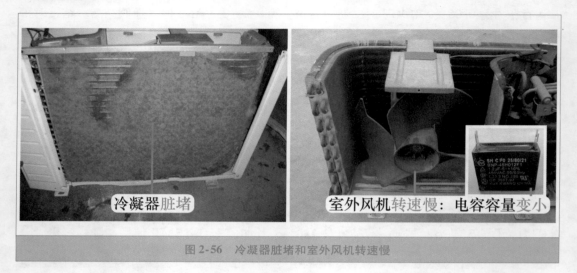

冷凝器脏堵

室外风机转速慢：电容容量变小

图 2-56　冷凝器脏堵和室外风机转速慢

5. 二通阀结露、三通阀结霜（结冰）

（1）故障现象

手摸二通阀和三通阀冰凉，见图 2-57，常见故障为蒸发器散热不好，即制冷时蒸发器的冷量不能及时吹出，导致蒸发器冰凉，首先引起三通阀结霜；运行时间再长一些，蒸发器表面慢慢结霜或变成冰，三通阀表面霜也变成冰，如果时间更长，则可能会出现二通阀结霜、三通阀结冰。

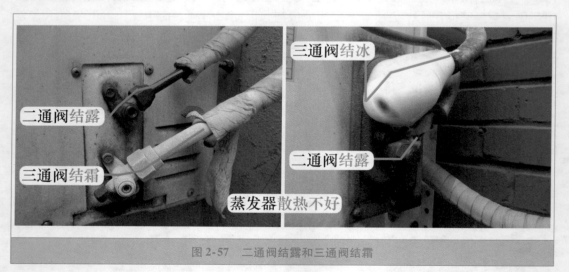

二通阀结露

三通阀结霜

三通阀结冰

二通阀结露

蒸发器散热不好

图 2-57　二通阀结露和三通阀结霜

（2）常见原因

首先检查过滤网是否脏堵，见图 2-58，如过滤网脏堵，直接清洗过滤网即可，如果柜式空调器清洗过滤网后室内机出风量仍不大而室内风机转速正常，则为过滤网表面的尘土被室内离心风扇吸收，带到蒸发器背面，引起蒸发器背面脏堵，应清洗蒸发器背面，脏堵严重者甚至需要清洗离心风扇；如果过滤网和蒸发器均干净，检查为室内风机转速慢，通常为风机电容容量减少引起。

图 2-58　过滤网和蒸发器脏堵

二、根据系统压力和运行电流判断故障

本小节所示的运行压力为制冷模式，运行电流以测量 1P 挂式空调器室外机压缩机为例，正常电流约为 4A。

1. 压力为 0.45MPa、电流接近额定值

见图 2-59，空调器制冷系统正常运行的表现，此时二通阀和三通阀均结露。

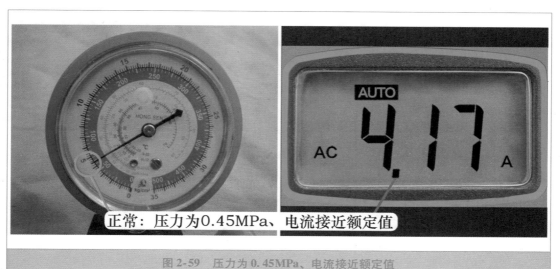

图 2-59　压力为 0.45MPa、电流接近额定值

2. 压力约 0.55MPa、电流大于额定值 1.5 倍

见图 2-60，运行压力和运行电流均大于额定值，通常为冷凝器散热效果变差，此时二通阀干燥、三通阀结露，常见原因为冷凝器脏堵或室外风机转速慢。

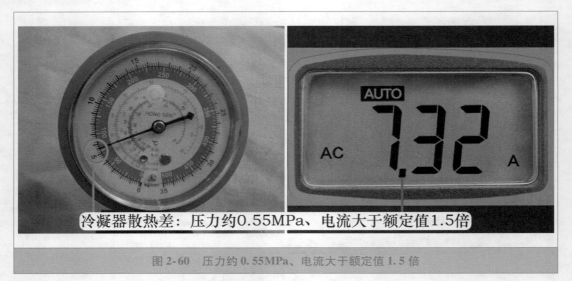

冷凝器散热差：压力约0.55MPa、电流大于额定值1.5倍

图2-60　压力约0.55MPa、电流大于额定值1.5倍

3. 压力为静态压力、电流约为额定值0.5倍

见图2-61，压缩机运行后压力基本不变，为静态压力，运行电流约为额定值的0.5倍，通常为压缩机或四通阀窜气，此时由于压缩机未做功，因此二通阀和三通阀为常温，即没有变化。

压缩机和四通阀窜气最简单的区别方法是细听压缩机储液瓶声音，如果没有声音并且为常温，通常为压缩机窜气；如果声音较大且有较高的温度，通常为四通阀窜气。

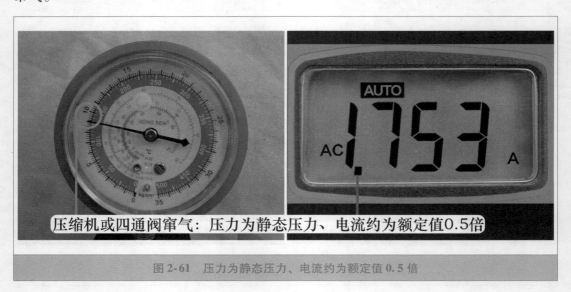

压缩机或四通阀窜气：压力为静态压力、电流约为额定值0.5倍

图2-61　压力为静态压力、电流约为额定值0.5倍

4. 压力为负压、电流约为额定值0.5倍

见图2-62，压缩机运行后压力为负压，运行电流约为额定值的0.5倍，此时二通阀和三通阀均为常温。最常见的原因为系统无氟。其次为系统冰堵故障，现象和系统无氟相似，但很少发生。通常只需要检漏加氟即可排除故障。

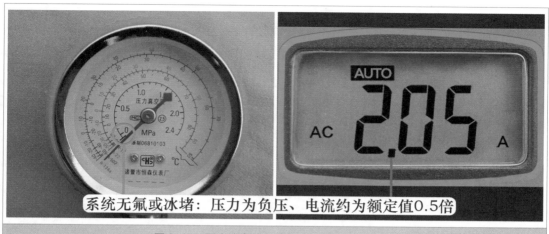

系统无氟或冰堵：压力为负压、电流约为额定值0.5倍

图 2-62　压力为负压、电流约为额定值 0.5 倍

5. 压力为 0～0.4MPa、电流为额定值 0.5 倍至接近额定值

见图 2-63，压缩机运行后压力为 0～0.4MPa、电流为额定值 0.5 倍至接近额定值，此时二通阀可能为常温、结霜、结露，三通阀可能为常温或结露，最常见的原因为系统缺氟，通常只需要检漏加氟即可排除故障。

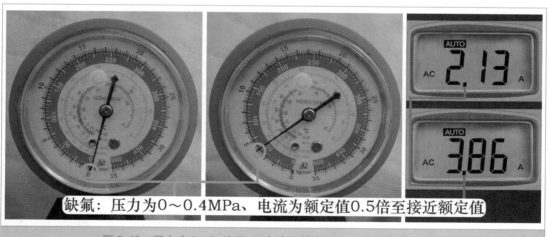

缺氟：压力为0～0.4MPa、电流为额定值0.5倍至接近额定值

图 2-63　压力为 0～0.4MPa、电流为额定值 0.5 倍至接近额定值

三、　安装原因引起的制冷效果差故障

空调器出厂时相当于半成品，只有安装后才能正常使用，"三分质量、七分安装"也说明了安装的重要性，如果安装时未安装到位，将会引起制冷效果差故障甚至不制冷，由安装原因引起的制冷效果差故障常见有以下几种。

1. 室内机顶部和下部

目前室内机前面一般为平板或镜面设计，进风格栅设计在顶部，安装时要求室内机顶部有 15cm 的空间，如果距房顶或顶棚过近，见图 2-64 左图，室内机进风量减少，房间循环速度变慢，制冷量下降。

　　室内机下部要求没有物品，如果室内机下部设有柜子或其他物品，见图2-64右图，一是阻挡风量，吹向房间的风速变弱，二是吹出的风吹到柜子上面，被室内机进风格栅重新吸收，使得室内机环温传感器检测温度变低，停止室外机运行，引发制冷效果差的故障。

图2-64　室内机安装故障

　　2. 室外机前部

　　（1）墙壁

　　室外机冷凝器由室外风机带动的室外风扇散热，出风口设在前面，制冷时出风口吹出较热的空气，因此安装要求室外机前方有60cm的空间。

　　如果室外机安装后，室外机出风口距墙壁过近，见图2-65左图，室外机出风口吹的热风吹在墙壁上面，被冷凝器重新吸收，因而散热效果明显下降，引起冷凝器烫手，压缩机负载变大，运行电流升高，制冷效果也明显下降，严重时甚至引起压缩机过载过热保护停机，出现不制冷故障。

　　维修排除方法见图2-65右图，移走室外机至出风口无遮挡的位置。

图2-65　墙壁阻挡室外机前部

（2）百叶窗

如果室外机安装在空间较小的指定位置，并且前方设有呈水平向下 45°的百叶窗，见图 2-66，则冷凝器散热效果同样变差，故障和室外机出风口距墙壁过近相同。

室外机出风口距百叶窗过近

图 2-66　百叶窗阻挡室外机前部

➡ 常见维修方法：见图 2-67 左图，在室外机出风口部位减少百叶窗数量；见图 2-67 中图，在室外机出风口部位取下百叶窗；见图 2-67 右图，使用木棍等物品撑起百叶窗框架，即掀开百叶窗。

取下百叶窗

减少百叶窗数量

掀开百叶窗

图 2-67　百叶窗故障排除方法

3. 室外机后部

如果因空间位置关系或其他原因，安装 2 台室外机的位置见图 2-68，使用时如 A 机或 B 机单独运行，空调器可以正常工作；但如果同时运行，B 机吹出的热风直接送至 A 机冷凝器的进风口，则 A 机散热效果明显下降，冷凝器过热，A 机制冷效果也明显下降，一段时间以后压缩机过载停机，A 机不再制冷，但 B 机可以正常运行。

维修时应移走 A 机室外机，或 2 台室外机平行安装。

B机运行时室外风机吹出的风吹至A机冷凝器进风口，A机将不能制冷

图 2-68　室外机后部安装原因

4. 管道握扁

如果安装时不注意将管道握扁，见图 2-69 左图，由于气管即粗管较粗容易握扁，液管即细管一般不会出现问题，粗管握扁后将导致再次节流，制冷剂过多留在蒸发器内，而不能被压缩机有效吸收，引起制冷效果差或不制冷的故障。

维修时可将粗管慢慢握回来，见图 2-69 右图，注意幅度不能过大，否则容易使握扁处出现裂缝而导致漏氟的故障。

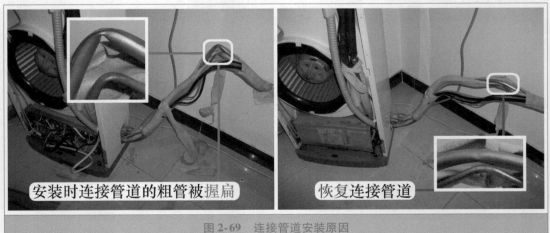

安装时连接管道的粗管被握扁　　　恢复连接管道

图 2-69　连接管道安装原因

第三章

空调器漏水故障和噪声故障

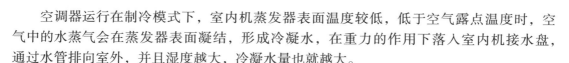

第一节 漏 水 故 障

空调器运行在制冷模式下，室内机蒸发器表面温度较低，低于空气露点温度时，空气中的水蒸气会在蒸发器表面凝结，形成冷凝水，在重力的作用下落入室内机接水盘，通过水管排向室外，并且湿度越大，冷凝水量也就越大。

空调器运行在制热模式下，室内机蒸发器温度较高，约50℃，因此蒸发器不会产生冷凝水，室外侧水管也无水流出。但在制热过程中室外机冷凝器表面结霜，在化霜时霜变成水排向室外。

一、 挂式空调器冷凝水流程

早期挂式空调器蒸发器通常为直板式或2折式，室内机只设1个接水盘，位于出风口上方，蒸发器产生的冷凝水直接流入接水盘，经保温水管和加长水管排向室外。

见图3-1，目前挂式空调器蒸发器均为多折式，常见为3折、4折，甚至5折或6折，将贯流风扇包围，以获得更好的制冷效果，以顶部为分割线，蒸发器分为前部和后部，相应室内机设有主接水盘和副接水盘。蒸发器前部产生的冷凝水流入位于出风口上方的主接水盘，蒸发器后部产生的冷凝水流入位于室内机底座中部的副接水盘。

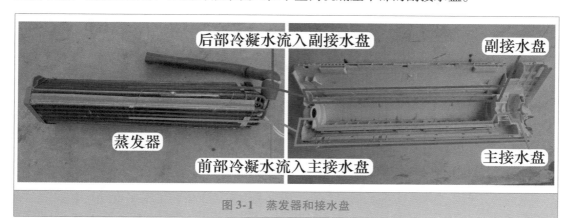

图 3-1　蒸发器和接水盘

见图3-2，副接水盘冷凝水经专用通道流入主接水盘，主接水盘和副接水盘的冷凝水通过保温水管和加长水管，排向室外。

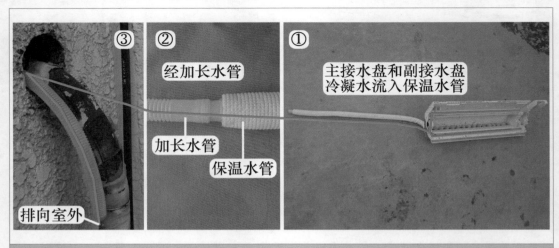

图 3-2　挂式空调器冷凝水流程

二、　柜式空调器冷凝水流程

见图 3-3，柜式空调器蒸发器均为直板式，产生的冷凝水自然下沉流入接水盘、经保温水管和加长水管排向室外。

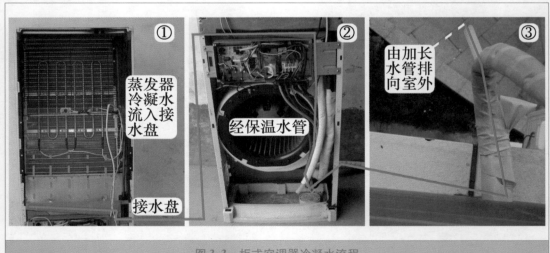

图 3-3　柜式空调器冷凝水流程

三、　常见故障

1. 室内机安装倾斜

室内机一般要求水平安装。如果新装机或移机时室内机安装不平，见图 3-4 左图，即左低右高或左高右低，相对应接水盘也将倾斜，较低一侧的冷凝水超过接水盘，引起室内机漏水故障。

故障排除方法见图3-4右图，重新水平安装室内机。

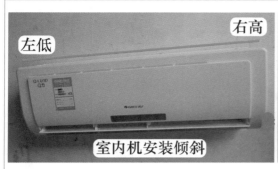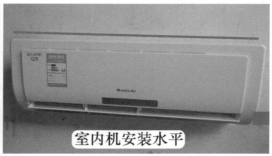

图 3-4　室内机安装倾斜和排除方法

2. 室内外机连接管道室内侧低于出墙孔

室内外机连接管道安装时走向要有坡度，以利于冷凝水顺利排出。见图 3-5 左图，连接管道向下弯曲且低于出墙孔，冷凝水则会积聚在连接管道最低处而不能顺利排出，水管中留有空气，室内机接水盘冷凝水的压力很小，不能将连接管道最低处的冷凝水压向室外，而蒸发器一直产生冷凝水，超过接水盘后引起室内机漏水。

故障排除方法见图 3-5 右图，重新调整连接管道，使水管保持一定坡度。

图 3-5　连接管道低于出墙孔并调整

3. 室外侧水管低于下水管落水孔

见图 3-6 左图，室外侧的水管弯曲且低于落水孔时，同样引起室内机漏水故障。

故障排除方法见图 3-6 中图和右图，重新整理水管并保持一定的坡度。如果水管插在专用的空调器下水管内，应使用防水胶布将空调器水管绑在下水管落水孔处，以防止水管移动再次引发故障。

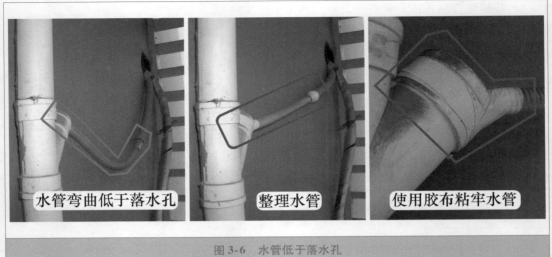

水管弯曲低于落水孔　　整理水管　　使用胶布粘牢水管

图 3-6　水管低于落水孔

4. 连接管道室内侧水平走向距离过长

安装空调器时对室内外机连接管道的要求是横平竖直，这一要求对于室外侧的连接管道很合理，但对于室内侧的连接管道，需要慎重考虑，主要是由于有加长水管的存在。

见图 3-7 左图，如果室内侧连接管道水平走向距离过长，相对应加长水管处于水平状态的距离也相对过长，此时冷凝水容易积聚在一起堵塞水管，使得加长水管内含有空气，接水盘的冷凝水无法排出，最终导致室内机漏水。

故障排除方法见图 3-7 右图，调整水平走向的连接管道，使之具有一定的坡度，这样加长水管内不会有冷凝水积聚，室内机漏水故障也相应排除。

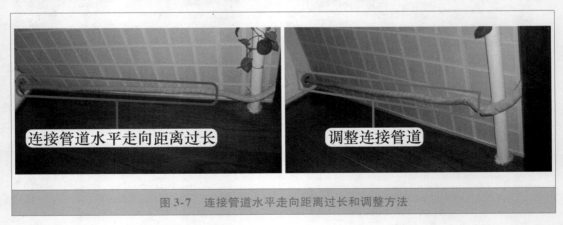

连接管道水平走向距离过长　　调整连接管道

图 3-7　连接管道水平走向距离过长和调整方法

5. 接水盘和保温水管脏堵

用户反映室内机漏水，查看接水盘内的冷凝水已满，但室外侧水管无冷凝水流出，将接水盘内的冷凝水倒出来，见图 3-8 左图，查看接水盘已脏堵，通常接水盘脏堵时与其连接的保温水管也已经堵塞。

见图 3-8 右图，维修时取下接水盘和保温水管。

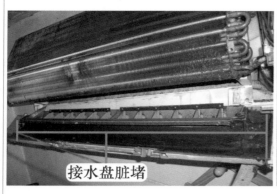
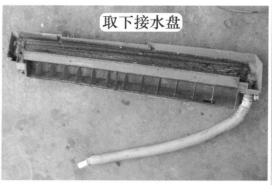

图 3-8　接水盘脏堵和取下接水盘

　　见图 3-9，将空调器的保温水管接头对在自来水管的水龙头上面，用手握好接头以防止溅水，打开水龙头开关，利用自来水管中的压力冲出堵塞保温水管的脏物，再将接水盘冲洗干净，安装后即可排除室内机漏水故障。

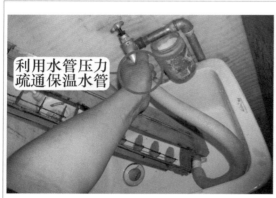
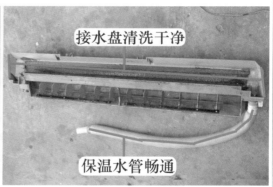

图 3-9　冲洗保温水管和接水盘

6. 水管脏堵

　　在上门维修漏水故障时，因制冷状态下蒸发器产生的冷凝水速度较慢，为检查漏水部位，见图 3-10，可使用矿泉水瓶或饮料瓶接上自来水，掀开进风格栅和取下过滤网后倒在蒸发器内，可迅速检查出漏水部位。

　　空调器制冷正常，但室外侧水管不流水，室内机漏水很严重，取下室内机外壳，查看接水盘内冷凝水已满，说明水管堵塞，见图 3-11。

　　故障排除方法见图 3-12，使用一根新水管，插入室外侧原机水管，并向新水管吸气，使水管内脏物吸出（见图 3-11 左图），室内机漏水故障即可排除。

➡ 注意：不要将脏水吸入到口中。维修时不要向水管内吹气，否则会将水吹向室内机主板或显示板组件出现短路故障，导致需要更换主板或显示板组件。

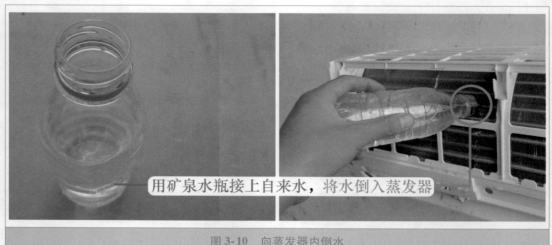

用矿泉水瓶接上自来水，将水倒入蒸发器

图 3-10　向蒸发器内倒水

堵塞水管的脏物

图 3-11　水管脏堵

用嘴吸水管另一头

水管一头接
原机水管

使用1根新水管

图 3-12　排除水管脏堵方法

7. 墙孔未堵

空调器安装完成后应使用配套胶泥或泥子粉堵孔，但如果墙孔未堵或未堵严、墙孔位于西山墙或南山墙，见图3-13左图，下雨时雨水将通过空调器穿墙孔流入到室内，造成室内机漏水故障。

故障排除方法见图3-13中图和右图，使用塑料袋或玻璃胶堵孔。

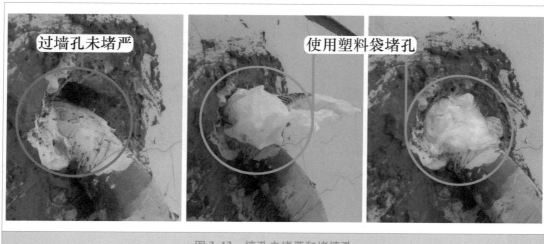

图3-13　墙孔未堵严和堵墙孔

8. 水管被压扁

查看室内外机连接管道坡度正常，用饮料瓶向蒸发器倒水时，室外侧水管流水很慢，仔细检查为连接管道出墙孔处弯管角度较小，而水管又在最下边，见图3-14左图，导致水管被压扁，因而阻力过大，接水盘内冷凝水不能顺利流出，超过接水盘后导致室内机漏水。

故障排除方法见图3-14中图和右图，将水管从连接管道底部抽出，放在铜管旁边，并握（或捏）回水管压扁的部位。

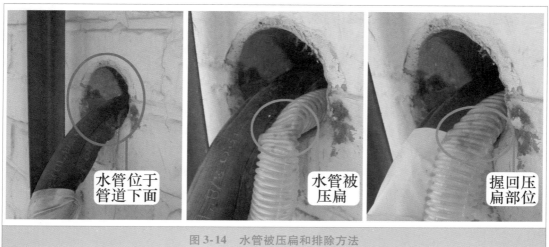

图3-14　水管被压扁和排除方法

9. 保温水管和加长水管接头未使用防水胶布包扎

见图 3-15，室内侧出墙孔下方流水，常见原因为室外墙孔未堵，下雨时流水倒灌所致，到室外侧检查，出墙孔顶部有一面遮挡墙，即使下雨也不会流入到室内，排除外部因素，说明故障在空调器的室内外机连接管道。

图 3-15　墙面流水和检查出墙孔

剥开连接管道的包扎带，抽出水管，见图 3-16 左图，查看故障为保温水管和加长水管的接头处未用防水胶布包扎，接头处渗水，最终导致出墙孔下方流水。

故障排除方法见图 3-16 右图，使用防水胶布包扎接头。

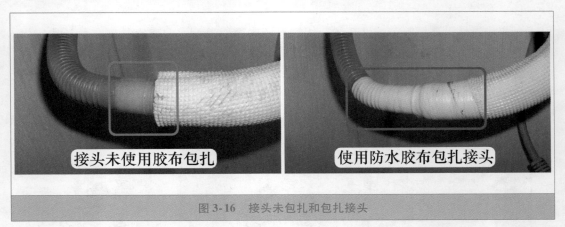

图 3-16　接头未包扎和包扎接头

10. 接水盘和保温水管接头处渗水

空调器新装机室内机漏水，查看连接管道安装符合要求，使用饮料瓶向蒸发器内倒水时均能顺利流出，排除连接管道走向故障。取下室内机外壳，见图 3-17 左图，查看漏水故障为接水盘和保温水管接头处渗水。

故障排除方法见图 3-17 中图，在接水盘的接头上缠上胶布，增加厚度，再安装保温水管即可排除故障；或者见图 3-17 右图，使用卫生纸擦干冷凝水后，将不干胶涂在渗水的接头处，也能排除故障。

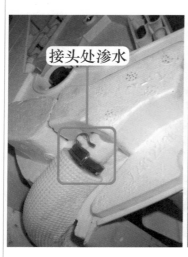

图 3-17　接水盘接头渗水和排除方法

11. 主接水盘和副接水盘连接处渗水

空调器使用一段时间后室内机漏水，查看连接管道符合安装要求，使用饮料瓶向蒸发器内倒水时均能顺利流出，排除连接管道走向故障。取下室内机外壳，见图 3-18，查看漏水故障为主接水盘和副接水盘连接部渗水。

图 3-18　主接水盘和副接水盘连接部渗水

见图 3-19，找一块隔水塑料硬板，使用剪刀剪一片合适的大小，垫在连接部即主接水盘和副接水盘的中间，这样副接水盘渗透的水滴经塑料硬板直接流入到主接水盘，室内机不再漏水。

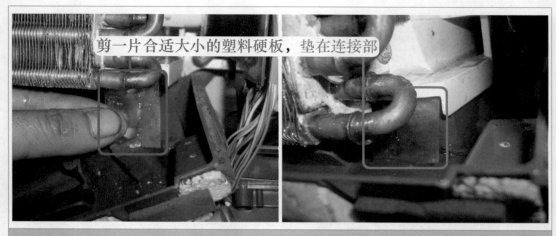

图 3-19   使用塑料硬板垫在连接部

12. 系统缺氟

用户反映空调器制冷效果差，同时室内机漏水。上门维修时查看连接管道符合安装要求，在开机时感觉室内机出风口温度较高，到室外机检查，见图 3-20，发现二通阀结霜、三通阀干燥，在三通阀检修口接上压力表，测量系统运行压力约为 0.2MPa，说明系统缺氟。

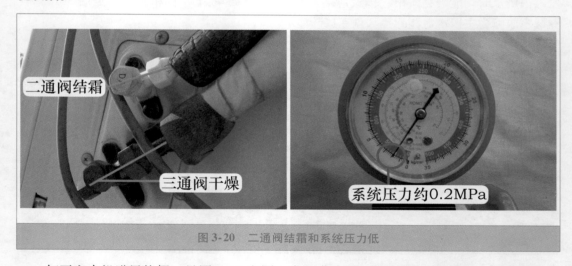

二通阀结霜

三通阀干燥

系统压力约0.2MPa

图 3-20   二通阀结霜和系统压力低

打开室内机进风格栅，见图 3-21 左图，发现蒸发器顶部结霜，判断漏水故障因系统缺氟引起，原因是系统缺氟导致结霜，霜层堵塞蒸发器翅片缝隙，使得冷凝水不能顺利流入到接水盘，最终导致室内机漏水。

故障排除方法见图 3-21 右图，排除系统漏点并加氟至正常压力 0.45MPa。

见图 3-22，加氟后查看二通阀霜层融化，三通阀和二通阀均开始结露，到室内机查看，蒸发器霜层也已经融化，制冷恢复正常，蒸发器产生的冷凝水可顺利流入接水盘内并排向室外。

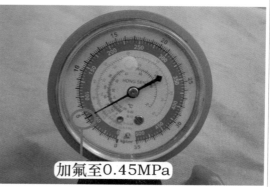

蒸发器结霜

加氟至0.45MPa

图3-21　蒸发器结霜和加氟至正常压力

　　由本例可看出，制冷系统缺氟时不但会引起制冷效果差故障，同时也会引起室内机漏水故障，加氟后2个故障会同时排除。

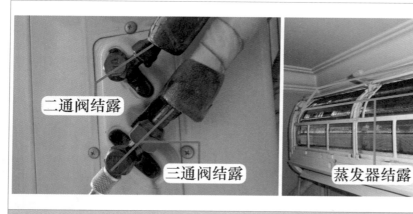

二通阀结露

三通阀结露

蒸发器结露

图3-22　二（三）通阀和蒸发器结露

13. 室内机喷水

　　喷水原因一般为蒸发器为多段（折）式，顶部的段与段之间处理不好，容易凝结水滴，没有顺着翅片流入接水盘内，而是直接流下，滴在正在运行的贯流风扇上面，被叶片带出并吹向室内机外部，形成喷水故障。

　　（1）蒸发器顶部段与段之间未处理好

　　故障排除方法见图3-23左图，使用防水胶布粘在段与段的缝隙中，注意长度要与蒸发器相等，多拉几条增加宽度，并使劲按在蒸发器顶部。

　　见图3-23右图，目前新出厂的蒸发器段与段之间粘有保温层，以防止喷水故障。

　　（2）室内机安装不平

　　使用多段式蒸发器的室内机，如果室内机一侧安装不平，见图3-24左图，上部间隙大、下部间隙小，也容易使蒸发器顶部的水滴流下，滴在正在运行的贯流风扇上面，而形成喷水故障。

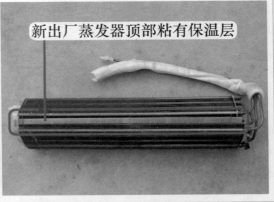

图 3-23　在蒸发器顶部粘防水胶布

　　故障排除方法是重新安装室内机，使得室内机上部和下部均紧贴墙壁，如暂时未带安装工具，或维修时只有 1 个人不方便重新安装，应急处理方法是找一张废纸，见图 3-24 中图和右图，叠成一定的厚度，垫在室内机的下部，使室内机下部和上部与墙壁的间隙相同，也可排除喷水故障。

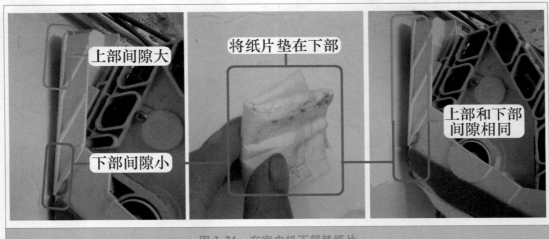

图 3-24　在室内机下部垫纸片

14. 室内使用水桶接水

　　一宾馆内使用的空调器，因室外侧不能排水，将水管留在屋内，见图 3-25 左图，使用 1 个矿泉水桶接水。

　　使用一段时间以后，用户反映室内机漏水。见图 3-25 中图，上门查看时发现水桶已接有半桶水，但水管过长至水桶底部，水管末端已淹没在水桶的积水内，使得空调器加长水管中间部分有空气，而室内机接水盘的冷凝水压力过小，不能将加长水管中间的空气从水管末端顶出，因而冷凝水积在接水盘内，最终导致漏水。

　　故障排除方法见图 3-25 右图，剪去多余的加长水管，使加长水管的末端刚好在水桶的顶部，水桶的积水不能淹没加长水管的末端，加长水管的空气可顺利排出，室内机漏水故障即可排除。

　　从本例可以看出，即使室内机高于水桶约有2m，按常理应能顺利流出，但如果水管内有空气，室内机接水盘的冷凝水则无法流出，最终造成室内机漏水故障。

图3-25　水桶接水和剪去多余水管

　　因矿泉水桶的桶口较小，如果加长水管堵塞桶口，见图3-26左图，水桶内的空气不能排出，导致加长水管内依旧有空气存在，室内机接水盘的冷凝水照样不能流入水桶内，并再次引发室内机漏水故障。

　　排除方法很简单，一是保证水管不能堵塞水桶桶口，水桶内空气能顺利排出；二是见图3-26右图，在水桶上部钻一个圆孔用于排气。

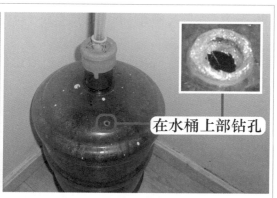

图3-26　水管堵塞桶口和钻孔

15. 连接管道室内侧低于出墙孔

　　安装在某医院房间的一批新空调器，用户反映室内机漏水。上门查看室内机安装在房间内，连接管道经走廊到达室外。

　　见图3-27左图，查看连接管道室内部分走向正常。但在走廊部分的走向有故障，见图3-27右图，其①为连接管道贴地安装，水平距离过长；其②为出墙孔高于连接管道。

这两点均能导致加长水管内积聚冷凝水，使水管内产生空气，最终导致室内机漏水故障。

此种故障常用维修方法是重新调整连接管道，使其走向有坡度，冷凝水才能顺利流出，但用户已装修完毕，不同意更改管道走向。因室内机漏水的主要原因是加长水管中有空气，维修时只要将连接管道的空气排出，室内机漏水的故障也立即排除，最简单的方法是在加长水管上开孔即剪开一个豁口。

图 3-27　连接管道室内侧低于出墙孔

（1）在水管处开孔

开口部位选择在连接管道的最高位置，见图 3-28 左图和中图，解开包扎带后使用偏口钳在水管的外侧剪开 1 个豁口，这样水管的空气将通过豁口排出。经长时间开机试验，室内机接水盘的冷凝水可顺利排向室外，室内机不再漏水，故障排除。

见图 3-28 右图，维修完成使用包扎带包扎连接管道时，豁口位置不要包扎，可防止因包扎带堵塞豁口。

➡ 说明：水管内侧有冷凝水流过不宜开口，否则将引起开口部位出现漏水故障。

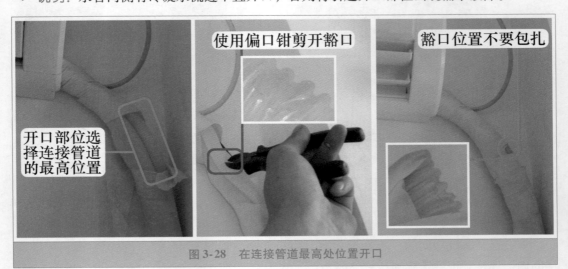

图 3-28　在连接管道最高处位置开口

（2）在水管上插管排空

见图 3-29，如果连接管道的最高位置为保温水管，因保温层较厚不容易开口，可将开口位置下移至加长水管。

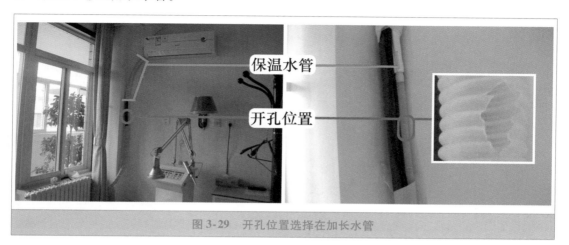

图3-29 开孔位置选择在加长水管

为防止开口处漏水,见图3-30,可使用1根较粗的管子(早餐米粥配带的塑料管),插在加长水管的开口位置,并使用防水胶布包扎接头,使用包扎带包扎连接管道时,应将管口露在外面以利于排除空气。

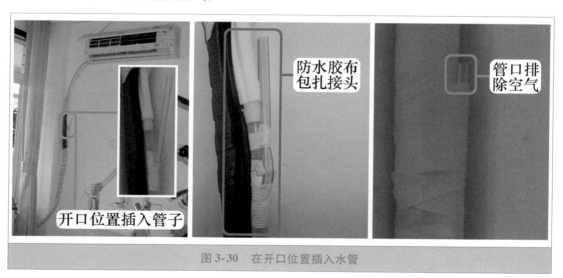

图3-30 在开口位置插入水管

第二节 噪声故障

一、室内机噪声故障

1. 外壳热胀冷缩

见图3-31,挂式或柜式空调器开机或关机后,室内机发出轻微的爆裂声音(如噼啪声),此种声音为正常现象,原因为室内机蒸发器温度变化使得塑料面板等部位产生热胀冷缩，引起摩擦的声音，上门维修时仔细向用户解释说明即可。

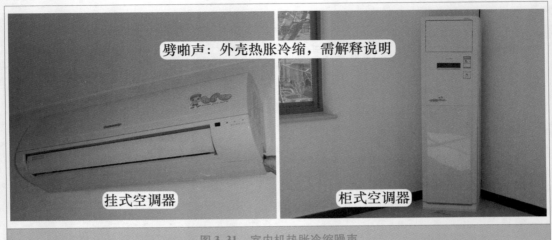

劈啪声：外壳热胀冷缩，需解释说明

挂式空调器

柜式空调器

图 3-31　室内机热胀冷缩噪声

2. 变压器共振

室内机在开机后发出"嗡嗡"声，遥控关机后故障依旧，通常为变压器故障，常见原因有变压器与电控盒外壳共振、变压器自身损坏发出嗡嗡声，见图 3-32 左图。

维修时应根据情况判断故障，见图 3-32 右图，如果为共振故障，应紧固固定螺钉（俗称螺丝）；如果为变压器损坏，应更换变压器。

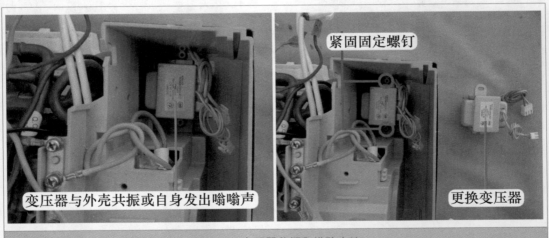

紧固固定螺钉

变压器与外壳共振或自身发出嗡嗡声

更换变压器

图 3-32　变压器共振和排除方法

3. 室内风机共振

室内机开机后右侧发出嗡嗡声，关机后噪声消失，再次开机如果按压室内机右侧噪声消除，则故障通常为室内风机与外壳共振，见图 3-33 左图。

故障排除方法是调整室内风机位置，见图 3-33 右图，使室内风机在处于某一位置时嗡嗡声的噪声消除即可，在实际维修时可能需要反复调整几次才能排除故障。

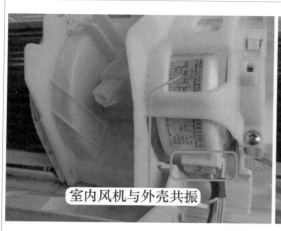
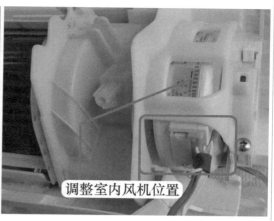

室内风机与外壳共振

调整室内风机位置

图 3-33　室内风机共振和排除方法

4. 导风板叶片相互摩擦

室内机在开机时出现断断续续、但声音较小的异常杂音，如果为开启上下或左右导风板功能，在上下或左右叶片转动时发出异响，停止转动时异响消失，常见原因为上下或左右叶片摩擦导致，见图 3-34 左图。

故障排除方法见图 3-34 右图，在叶片的活动部位涂抹黄油，以减少摩擦阻力。

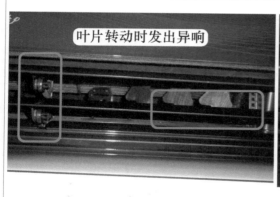

叶片转动时发出异响

活动部位涂抹黄油

图 3-34　导风板叶片转动异响和排除方法

5. 轴套缺油

室内机在开机后或运行一段时间以后，左侧出现比较刺耳的金属摩擦声，如果随室内风机转速变化而变化，见图 3-35，常见原因为贯流风扇左侧的轴套缺油，维修时应使用耐高温的黄油（或机油）涂抹在轴套中间圆孔，即可排除故障。

➡ 注意：应使用耐高温的黄油，不得使用家用炒菜用的食用油，因其不耐高温，一段时间以后干涸，会再次引发故障。

图 3-35　轴套缺油

6. 贯流风扇碰外壳

室内机开机后或运行一段时间以后，如果左侧或右侧出现连续的塑料摩擦声，见图 3-36 左图，常见原因为贯流风扇与外壳距离较近而相互摩擦，导致异常噪声。

故障排除方法是调整贯流风扇位置，见图 3-36 右图，使其左侧和右侧与室内机外壳保持相同的距离。

➡ 说明：贯流风扇与外壳如果距离过近，摩擦阻力较大，室内风机因起动不起来而不能运行，则约 1min 后整机停机，并报出"无霍尔反馈"的故障代码。

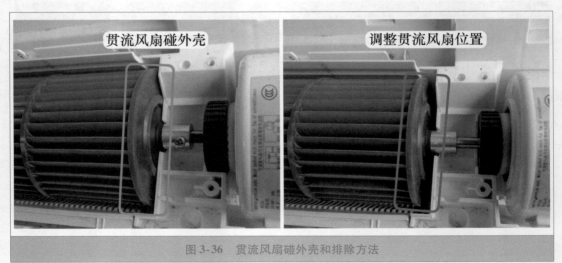

图 3-36　贯流风扇碰外壳和排除方法

7. 室内机振动大

遥控器开机，室内风机只要运行，室内机便发生很大的噪声，同时室内机上下抖动，手摸室内机时感觉振动很大，常见原因为贯流风扇翅片断裂，见图 3-37，贯流风扇不在同一个重心，运行时重力不稳导致振动和噪声均变得很大。

故障排除方法是更换贯流风扇。

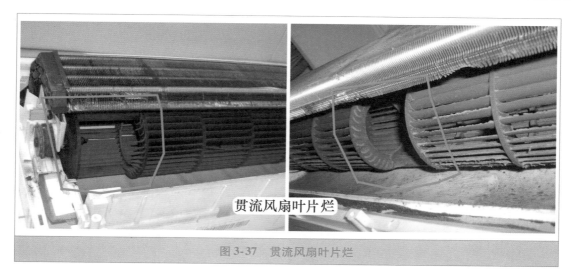

贯流风扇叶片烂

图 3-37 贯流风扇叶片烂

8. 室内风机轴承异响

室内机右侧在开机后或运行一段时间以后，出现声音较大的金属摩擦的"哒哒"声，检查故障为室内风机异响，见图 3-38 左图，常见原因通常为内部轴承缺油。

故障排除方法是更换室内风机或更换轴承，见图 3-38 右图，轴承常用型号为 608Z。

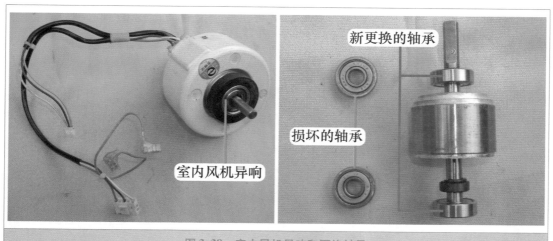

新更换的轴承

损坏的轴承

室内风机异响

图 3-38 室内风机异响和更换轴承

二、 室外机噪声故障

1. 室外机机内铜管相碰

见图 3-39 左图，室外机开机后出现声音较大的金属碰撞声，通常为室外机机内管道距离过近，压缩机运行后因振动较大使得铜管相互摩擦，导致室外机噪声大故障。

故障排除方法是调整室外机机内管道，见图 3-39 右图，使距离过近的铜管相互分开，在压缩机运行时不能相互摩擦或碰撞。

室外机机内管道常见故障有：四通阀的 4 根铜管相互摩擦、压缩机排气管或吸气管与压缩机摩擦、冷凝器与外壳摩擦等。

距离过近的铜管摩擦时间过长以后，容易磨破铜管，制冷系统的制冷剂全部泄漏，造成空调器不制冷故障。

机内管道相碰　　　　　　　调整管道位置

图 3-39　机内管道相碰和排除方法

2. 室外风机运行时噪声大

室外机在开机后或运行一段时间以后，如果出现较大的金属摩擦声音，即使断开压缩机供电和取下室外风扇后故障依旧，说明故障为室外风机异响，见图 3-40，故障排除方法是更换室外风机或更换室外风机轴承。

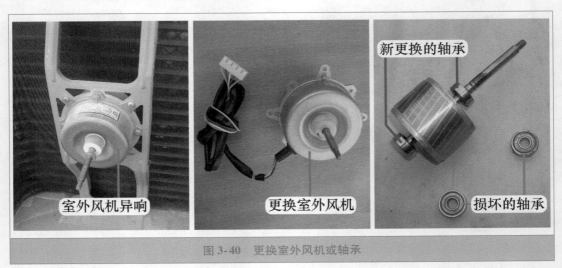

新更换的轴承

室外风机异响　　　　　更换室外风机　　　　损坏的轴承

图 3-40　更换室外风机或轴承

3. 室外机振动大

室外机在开机后或运行一段时间以后，如果出现较大的声音，并且室外机振动较大，见图 3-41，故障通常为室外风扇叶片有裂纹或者断片。

故障排除方法是更换室外风扇（轴流风扇）。

图 3-41　室外风机叶片烂

4. 压缩机运行时噪声大

用户反映室外机噪声大，如果上门检查时室外机无异常杂音，只是压缩机声音较大，可向用户解释说明，一般不需要更换压缩机。

5. 室外墙壁薄

如果室外机运行后，在室内的某一位置能听到较强的"嗡嗡"声，但在室外机附近无"嗡嗡"声只有运行声音时，见图 3-42，一般为室外机与墙壁共振而引起，此种故障通常出现在室外机安装在阳台、简易彩板房等墙壁较薄的位置，故障排除方法是移走室外机至墙壁较厚的位置。

图 3-42　墙壁较薄时和室外机共振

6. 室外机安装不符合要求

室外机支架距离一般要求和室外机固定孔距离相同，如果支架距离过近，见图 3-43左图，室外机则不能正常安装，其中的 1 个螺钉孔不能安装，容易引起室外机与支架共振、出现噪声大的故障。

　　见图 3-43 右图，如果支架距离和室外机固定孔距离相同，但少安装固定螺钉，则室外机与支架同样容易引起共振、出现噪声大的故障。

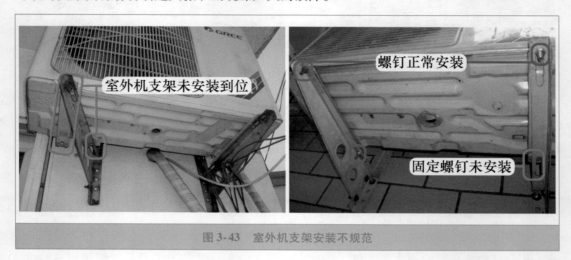

图 3-43　室外机支架安装不规范

第四章

空调器电控系统主要元器件

图4-1 为格力 KFR-23GW/（23570） Aa-3 挂式空调器电控系统主要部件，图4-2 为美的 KFR-26GW/DY-B （E5） 电控系统主要部件。由图4-1 和图4-2 可知，一个完整的电控系统由主板和外围负载组成，包括室内机主板、变压器、室内环温和管温传感器、室内风机、显示板组件、步进电机、遥控器等。

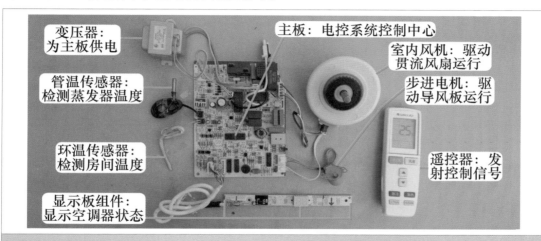

图4-1　格力 KFR-23GW/（23570） Aa-3 空调器电控系统主要部件

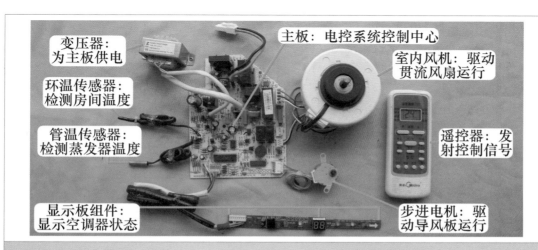

图4-2　美的 KFR-26GW/DY-B （E5） 空调器电控系统主要部件

第一节 主板和显示板电子元器件

一、 主板电子元器件

图 4-3 为格力 KFR-23GW/（23570） Aa-3 挂式空调器的室内机主板主要电子元器件，图 4-4 为美的 KFR-26GW/DY-B（E5）挂式空调器的室内机主板主要电子元器件。由图 4-3 和图 4-4 可知，室内机主板主要由 CPU、晶振、2003 反相驱动器、继电器（压缩机继电器、室外风机和四通阀线圈继电器、辅助电加热继电器）、二极管（整流二极管、续流二极管、稳压二极管）、电容（电解电容、瓷片电容、独石电容）、电阻（普通四环电阻、精密五环电阻）、晶体管（PNP 型、NPN 型）、压敏电阻、熔丝管（俗称保险管）、室内风机电容、阻容元件、按键开关、蜂鸣器、电感等组成。

➡ 说明：

① 空调器品牌或型号不同，使用的室内机主板也不相同，相对应电子元器件也不相同，比如跳帽通常用在格力空调器主板，其他品牌的主板则通常不用。因此电子元器件应根据主板实物判断，本小节只以常见空调器的典型主板为例，对主要电子元器件进行说明。

② 主滤波电容为电解电容。

③ 阻容元件将电阻和电容封装为一体。

④ 图中红线连接的电子元器件工作在交流 220V 强电区域，蓝线连接的电子元器件工作在直流 12V 和 5V 弱电区域。

二、 显示板电子元器件

图 4-5 为格力 KFR-23GW/（23570） Aa-3 挂式空调器的显示板组件主要电子元器件，图 4-6 为美的 KFR-26GW/DY-B（E5）挂式空调器的显示板组件主要电子元器件。由图 4-5 和图 4-6 可知，显示板组件主要由 2 位 LED 显示屏、发光二极管（指示灯）、接收器、HC164（驱动 LED 显示屏和指示灯）等组成。

➡ 说明：

① 格力空调器的 LED 显示屏驱动电路 HC164 设在室内机主板。

② 示例空调器采用 LED 显示屏和指示灯组合显示的方式。早期空调器的显示板组件只使用指示灯指示，则显示板组件只设有接收器和指示灯。

③ 示例空调器按键开关设在室内机主板，部分空调器的按键开关设在显示板组件。

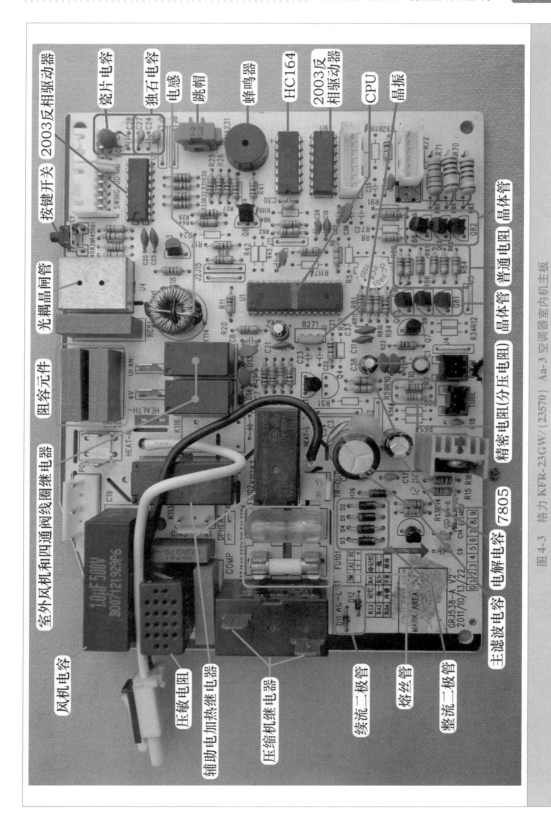

图4-3 格力 KFR-23GW/(23570) Aa-3 空调器室内机主板

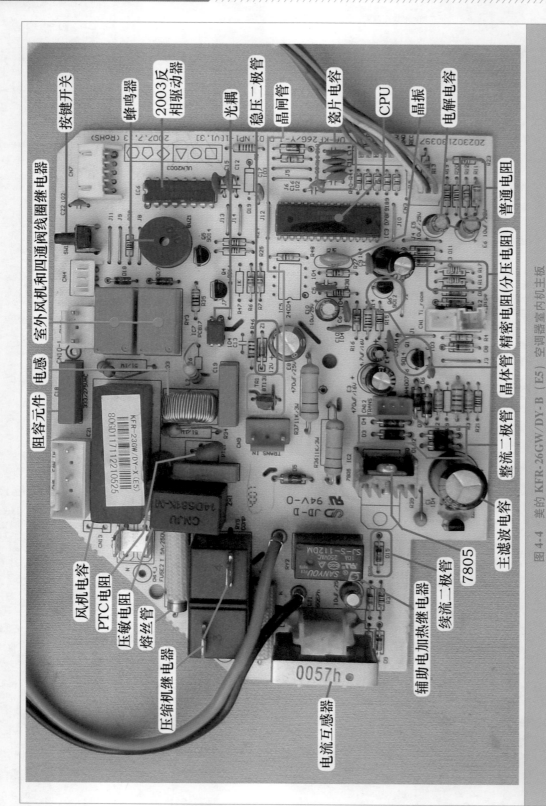

按键开关
蜂鸣器
2003反相驱动器
光耦
稳压二极管
晶闸管
瓷片电容
CPU
晶振
电解电容

阻容元件
室外风机和四通阀线圈继电器
电感

普通电阻

精密电阻（分压电阻）
晶体管
整流二极管
主滤波电容

7805

续流二极管
辅助电加热继电器

风机电容
PTC电阻
压敏电阻
熔丝管
压缩机继电器

电流互感器

图 4-4　美的 KFR-26GW/DY-B（E5）空调器室内机主板

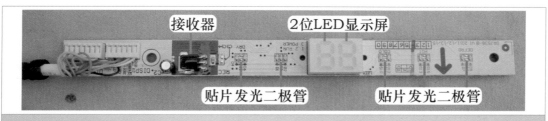

图 4-5　格力 KFR-23GW/（23570）Aa-3 空调器显示板组件

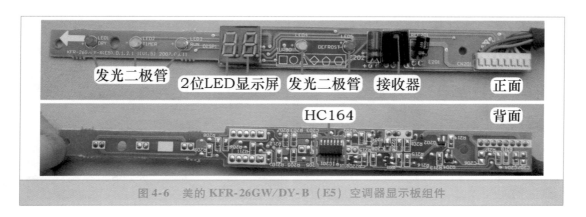

图 4-6　美的 KFR-26GW/DY-B（E5）空调器显示板组件

第二节　电器元件

一、遥控器

1. 结构

遥控器是一种远控机械的装置，遥控距离≥7m，见图 4-7，由主板、显示屏、导电胶、按键、后盖、前盖、电池盖等组成，控制电路单设有一个 CPU，位于主板背面。

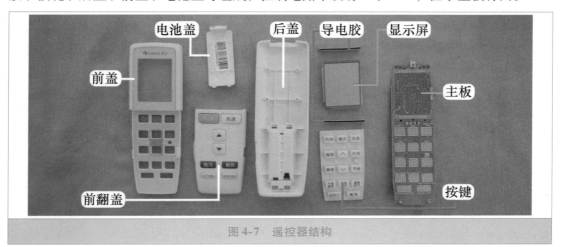

图 4-7　遥控器结构

2. 遥控器检查方法

遥控器发射的红外线信号，肉眼看不到，但手机的摄像头却可以分辨出来，检查方法是使用手机的摄像功能，见图4-8，将遥控器发射二极管（也称为红外发光二极管）对准手机摄像头，在按压按键的同时观察手机屏幕。

① 在手机屏幕上观察到发射二极管发光，说明遥控器正常。

② 在手机屏幕上观察发射二极管不发光，说明遥控器损坏。

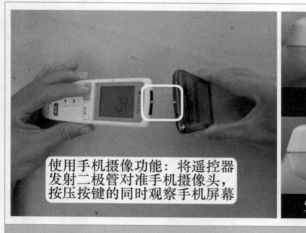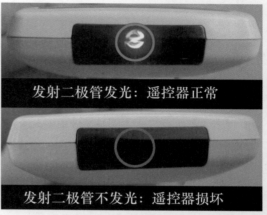

使用手机摄像功能：将遥控器发射二极管对准手机摄像头，按压按键的同时观察手机屏幕

发射二极管发光：遥控器正常

发射二极管不发光：遥控器损坏

图4-8　使用手机摄像功能检查遥控器

3. 万能遥控器

如果原机遥控器损坏，暂时没有配件，可使用万能遥控器，实物外形见图4-9左图。万能遥控器顾名思义，就是通过改变内部主板存储的编码，使之与空调器编码相匹配，即可控制很多品牌或型号的空调器。新购买的万能遥控器需要与空调器相匹配才能使用，如果未进行匹配，则万能遥控器仍不能控制空调器。

见图4-9中图，早期万能遥控器通常为手动型，就是通过查看遥控器附带"使用说明书"上标注品牌空调器的代码型号（编号），一个一个来试，当万能遥控器能控制空调器时即说明匹配成功。

见图4-9右图，目前万能遥控器通常为自动型（品牌直通型），即遥控器按键上标注有空调器的品牌，选择对应品牌，其自动发送与之相对应的代码型号，当空调器自动开机即说明匹配成功。

（1）使用品牌直通型万能遥控器匹配空调器的方法

见图4-10，使用品牌直通型万能遥控器匹配格力品牌的某一型号空调器时，将空调器通上电源但不开机，遥控器发射二极管对准室内机的接收器位置，并一直按压"格力"按键，万能遥控器只发送对应为"格力空调器"编码的"开关机"命令，当听到室内机蜂鸣器响一声后开机，说明万能遥控器匹配成功，并迅速松开"格力"按键，再检查确定一下遥控器其他功能按键如"模式键"是否正常，均正常则确定匹配成功，如不正常则需要重新再搜索一次。

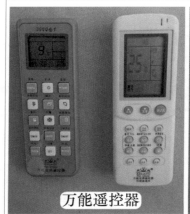

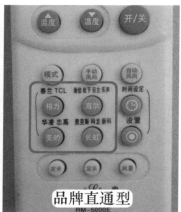

图 4-9　万能遥控器

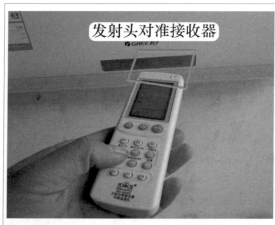
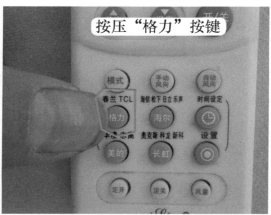

图 4-10　使用品牌直通型万能遥控器匹配格力空调器

（2）使用手动型万能遥控器匹配空调器的方法

见图 4-11，找出万能遥控器随机附带的使用说明书，查看需要匹配空调器的代码编号，万能遥控器发射头对准室内机的接收器位置，按压"代码变换按键"中的"设置"键，显示屏"型号"后数字编号"000"开始闪动，表示进入人工搜索代码状态，按压"代码＋"键，"型号"后数字编号将加 1 变为"001"，并同时发送含有"开关机"命令的编码，逐个试验使用说明书提供的编号，并注意空调器状态，当室内机蜂鸣器响 1 声后开机，说明万能遥控器匹配成功；如果空调器无反应，则试验下一个编号，直至万能遥控器匹配成功。

➡ 说明：在匹配过程中，如果一直按压"代码＋"或"代码－"键，显示屏上"型号"后编号将快速变化，待快到下一个编号时再松开，再一次一次按压"代码＋"或"代码－"键直到编号，这样可缩短时间。

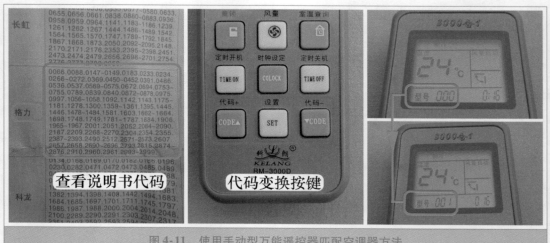

图 4-11　使用手动型万能遥控器匹配空调器方法

二、接收器

1. 安装位置

　　显示板组件通常安装在前面板或室内机的右下角，格力 KFR-23GW/（23570） Aa-3 即 Q 力空调器显示板组件使用指示灯 + 数码管的方式，见图 4-12，安装在前面板，前面板留有透明窗口，称为接收窗，接收器对应安装在接收窗后面。

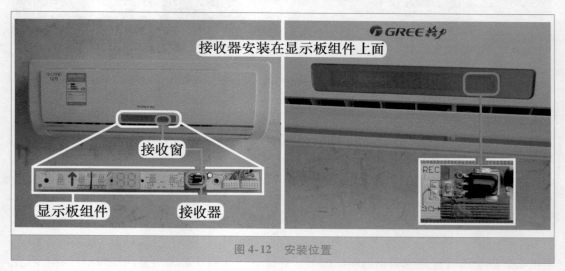

图 4-12　安装位置

2. 实物外形和工作原理

（1）作用

　　接收器内部含有光敏元件，即接收二极管，见图 4-13，其通过接收窗口接收某一频率范围的红外线，当接收到相应频率的红外线，光敏元件产生电流，经内部 I-V 电路转换为电压，再经过滤波、比较器输出脉冲电压、内部晶体管电平转换，接收器的信号引脚输出脉冲信号送至室内机主板 CPU 处理。

接收器对光信号的敏感区由于开窗位置不同而有所不同,且不同角度和距离其接收效果也有所不同;通常光源与接收器的接收面角度越接近直角,接收效果越好,接收距离一般大于 7m。

接收器实现光电转换,将确定波长的光信号转换为可检测的电信号,因此又叫光电转换器。由于接收器接收的是红外光波,其周围的光源、热源、节能灯、荧光灯及发射相近频率的电视机遥控器等,都有可能干扰空调器的正常工作。

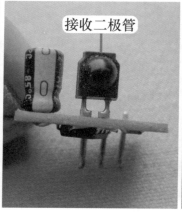

图 4-13　分离元件型接收器的组成

(2) 分类

目前接收器通常为一体化封装,实物外形和引脚功能见图 4-14。接收器工作电压为直流 5V,共有 3 个引脚,功能分别为地、电源(供电 +5V)、信号(输出),外观为黑色,部分型号表面有铁皮包裹,通常和发光二极管(或 LED 显示屏)一起设计在显示板组件。常见接收器型号为 38B、38S、1838(见图 5-13 中图)、0038(见图 5-14 中图)。

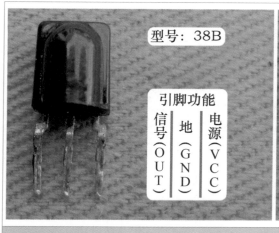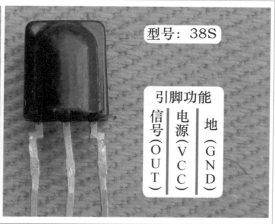

图 4-14　38B 和 38S 接收器

（3）引脚辨别方法

在维修时如果不知道接收器引脚功能，见图 4-15，可查看显示板组件上滤波电容的正极和负极引脚、连接至接收器引脚加以判断：滤波电容正极连接接收器电源（供电）引脚、负极连接地引脚，接收器的最后 1 个引脚为信号（输出）引脚。

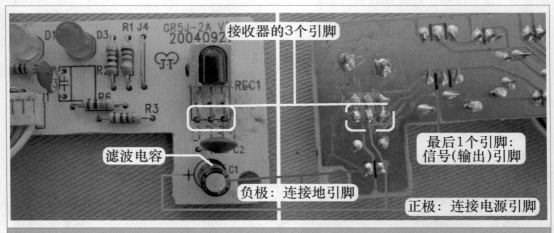

图 4-15　接收器引脚功能判断方法

3. 接收器检测方法

接收器在接收到遥控信号（动态）时，输出端由静态电压会瞬间下降至约直流 3V，然后再迅速上升至静态电压。遥控器发射信号时间约 1s，接收器接收到遥控信号时输出端电压也有约 1s 的时间瞬间下降。

使用万用表直流电压档，见图 4-16，动态测量接收器信号引脚电压，黑表笔接地引脚（GND）、红表笔接信号引脚（OUT），检测的前提是电源引脚（5V）电压正常。

① 接收器信号引脚静态电压：在无信号输入时电压应稳定约为 5V。如果电压一直在 2~4V 跳动，为接收器漏电损坏，故障表现为有时接收信号有时不能接收信号。

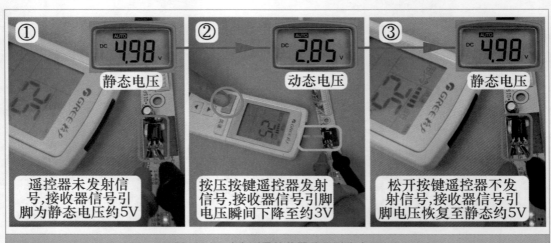

图 4-16　动态测量接收器信号引脚电压

② 按压按键遥控器发射信号，接收器接收并处理，信号引脚电压瞬间下降（约 1s）至约 3V。如果接收器接收信号时，信号引脚电压不下降即保持不变，为接收器不接收遥控信号故障，应更换接收器。

③ 松开遥控按键，遥控器不再发射信号，接收器信号引脚电压上升至静态电压约 5V。

三、 变压器

1. 安装位置和作用

见图 4-17，挂式空调器的变压器安装在室内机电控盒上方的下部位置，柜式空调器的变压器安装在电控盒的左侧或右侧位置。

变压器插座在主板上英文符号为 T 或 TRANS。变压器通常为 2 个插头，大插头为一次绕组，小插头为二次绕组。变压器工作时将交流 220V 电压降低到主板需要的电压，内部含有一次绕组和二次绕组 2 个线圈，一次绕组通过变化的电流，在二次绕组产生感应电动势，因一次绕组匝数远大于二次绕组，所以二次绕组感应的电压为较低电压。

➡ 说明：如果主板电源电路使用开关电源，则不再使用变压器。

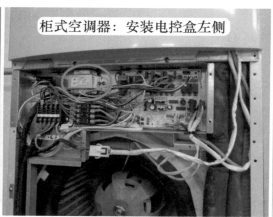

挂式空调器：安装电控盒上方的下部

柜式空调器：安装电控盒左侧

图 4-17 安装位置

2. 分类

图 4-18 左图为 1 路输出型变压器，通常用于挂式空调器电控系统，二次绕组输出电压为交流 11V（额定电流 550mA）；图 4-18 右图为 2 路输出型变压器，通常用于柜式空调器电控系统，二次绕组输出电压分别为交流 12.5V（400mA）和 8.5V（200mA）。

3. 测量变压器绕组阻值

以格力 KFR-120LW/E（1253L）V-SN5 柜式空调器使用的 2 路输出型变压器为例，使用万用表电阻档，测量一次绕组和二次绕组阻值。

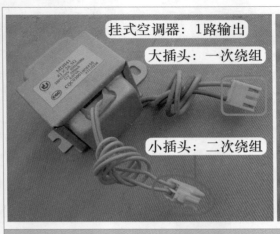
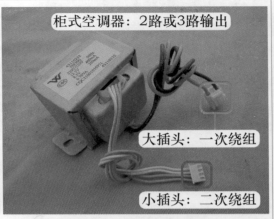

图 4-18 实物外形

（1）测量一次绕组阻值（见图 4-19）

变压器一次绕组使用的铜线线径较细且匝数较多，所以阻值较大，正常约为 200～600Ω，实测阻值为 203Ω。一次绕组阻值根据变压器功率的不同，实测阻值也各不相同，柜式空调器使用的变压器功率大，实测时阻值小（本例为 200Ω）；挂式空调器使用的变压器功率小，实测时阻值大（实测格力 KFR-23G（23570）/Aa-3 变压器一次绕组阻值约为 500Ω）。

如果实测时阻值为无穷大，说明一次绕组开路故障，常见原因有绕组开路或内部串接的温度保险开路。

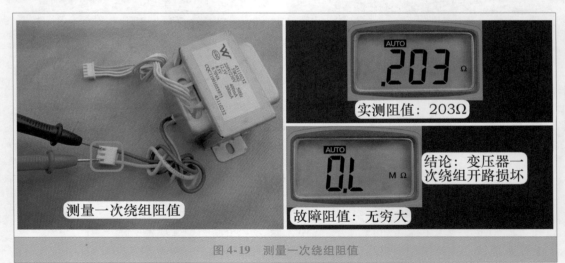

图 4-19 测量一次绕组阻值

（2）测量二次绕组阻值（见图 4-20）

变压器二次绕组使用的铜线线径较粗且匝数较少，所以阻值较小，正常约为 0.5～2.5Ω。实测直流 12V 供电支路（由交流 12.5V 提供、黄-黄引线）的线圈阻值为 1.1Ω，直流 5V 供电支路（由交流 8.5V 提供、白-白引线）的线圈阻值为 1.6Ω。

二次绕组短路时阻值和正常阻值相接近，使用万用表电阻档不容易判断是否损坏。如二次绕组短路故障，常见表现为屡烧熔丝管和一次绕组开路，检修时如变压器表面温度过高，检查室内机主板和供电电压无故障后，可直接更换变压器。

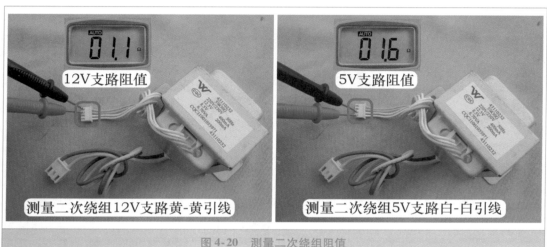

图4-20 测量二次绕组阻值

4. 测量变压器绕组插座电压

（1）测量变压器一次绕组插座电压

使用万用表交流电压档，见图4-21，测量变压器一次绕组插座电压，由于与交流220V 电源并联，因此正常电压为交流 220V。

如果实测电压为 0V，可以判断变压器一次绕组无供电，表现为整机上电无反应的故障现象，应检查室内机电源接线端子电压和熔丝管阻值。

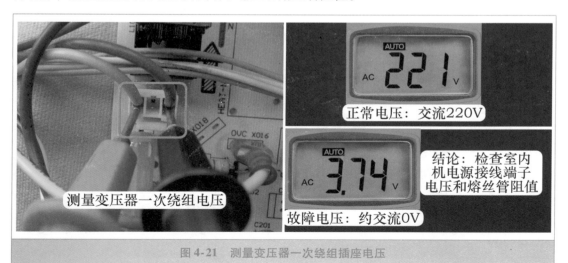

图4-21 测量变压器一次绕组插座电压

（2）测量变压器二次绕组插座电压

见图4-22左图，变压器二次绕组黄-黄引线输出电压经整流滤波后为直流 12V 负载供电，使用万用表交流电压档实测电压约为交流 13V。如果实测电压为交流 0V，在变压器一次绕组供电电压正常的前提下，可大致判断变压器损坏。

　　见图 4-22 右图，变压器二次绕组白-白引线输出电压经整流滤波后为直流 5V 负载供电，实测电压约为交流 9V。同理，如果实测电压为交流 0V，在变压器一次绕组供电电压正常的前提下，也可大致判断变压器损坏。

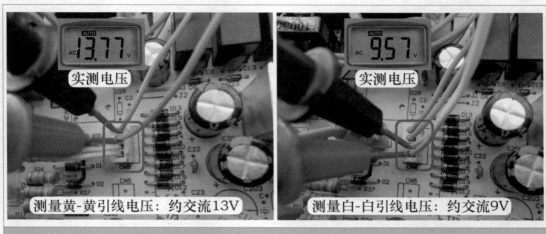

图 4-22　测量变压器二次绕组插座电压

四、　传感器

1. 挂式定频空调器传感器安装位置

　　常见的定频挂式空调器通常只设有室内环温和室内管温传感器，只有部分品牌或柜式空调器设有室外管温传感器。

　　（1）室内环温传感器

　　见图 4-23，室内环温传感器固定支架安装在室内机的进风口位置，作用是检测室内房间温度。

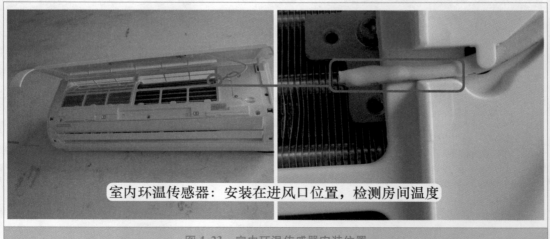

图 4-23　室内环温传感器安装位置

（2）室内管温传感器

见图4-24，室内管温传感器检测孔焊在蒸发器的管壁上，作用是检测蒸发器温度。

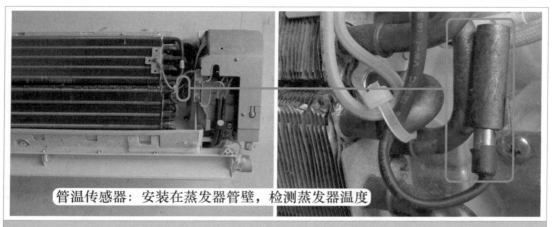

图4-24 室内管温传感器安装位置

2. 柜式空调器传感器安装位置

2P或3P的柜式空调器通常设有室内环温、室内管温、室外管温共3个传感器，5P柜式空调器通常在此基础上增加室外环温和压缩机排气传感器，共有5个传感器，但有些品牌的5P柜式空调器也可能只设有室内环温、室内管温、室外管温共3个传感器。

（1）室内环温传感器

室内环温传感器设计在室内风扇（离心风扇）罩圈即室内机进风口，见图4-25左图，作用是检测室内房间温度，以控制室外机的运行与停止。

（2）室内管温传感器

室内管温传感器设在蒸发器管壁上面，见图4-25右图，作用是检测蒸发器温度，在制冷系统进入非正常状态（如蒸发器温度过低或过高）时停机进入保护。如果空调器未设计室外管温传感器，则室内管温传感器是制热模式时判断进入除霜程序的重要依据。

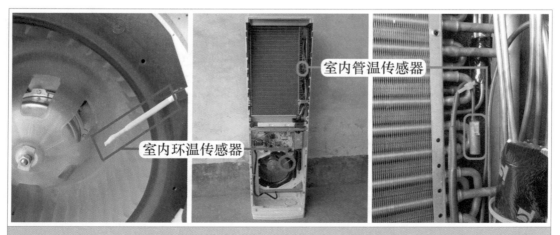

图4-25 室内环温和室内管温传感器安装位置

（3）室外管温传感器

室外管温传感器设计在冷凝器管壁上面，见图4-26，作用是检测冷凝器温度，在制冷系统进入非正常状态（如冷凝器温度过高）时停机进行保护，同时也是制热模式下进入除霜程序的重要依据。

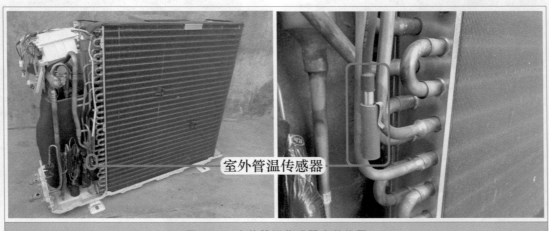

室外管温传感器

图 4-26　室外管温传感器安装位置

（4）室外环温传感器

室外环温传感器设计在冷凝器的进风面，见图4-27左图，作用是检测室外环境温度，通常与室外管温传感器一起组合成为制热模式下进入除霜程序的依据。

（5）压缩机排气传感器

压缩机排气传感器设计在压缩机排气管管壁上面，见图4-27右图，作用是检测压缩机排气管（或相当于检测压缩机温度），当压缩机工作在高温状态时停机进行保护。

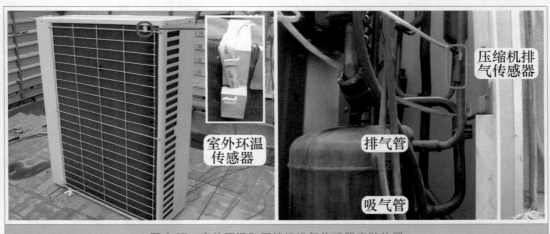

室外环温
传感器

压缩机排
气传感器

排气管

吸气管

图 4-27　室外环温和压缩机排气传感器安装位置

3. 变频空调器传感器数量

变频空调器使用的温度传感器较多，通常设有5个。室内机设有室内环温和室内管温传感器，室外机设有室外环温、室外管温、压缩机排气传感器。

4. 传感器特性

空调器使用的传感器为负温度系数的热敏电阻，负温度系数是指温度上升时其阻值下降，温度下降时其阻值上升。

以型号 25℃/20kΩ 的管温传感器为例，测量在降温（15℃）、常温（25℃）、加热（35℃）的 3 个温度下，传感器的阻值变化情况。

① 图 4-28 左图为降温（15℃）时测量传感器阻值，实测为 31.4kΩ。

② 图 4-28 中图为常温（25℃）时测量传感器阻值，实测为 20kΩ。

③ 图 4-28 右图为加热（35℃）时测量传感器阻值，实测为 13.1kΩ。

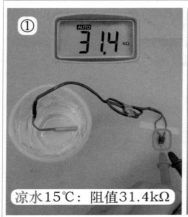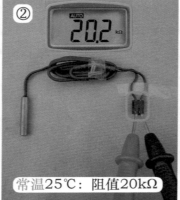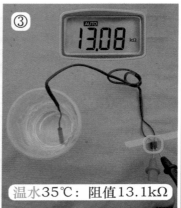

凉水15℃：阻值31.4kΩ　常温25℃：阻值20kΩ　温水35℃：阻值13.1kΩ

图 4-28　测量传感器阻值

5. 传感器故障判断方法

空调器常用的传感器有 25℃/5kΩ、25℃/10kΩ、25℃/15kΩ、25℃/20kΩ 等 4 种型号，检查其是否损坏前应首先判断使用的型号，再测量阻值。

➡ 说明：室外机压缩机排气传感器使用型号通常为 25℃/65kΩ，不在本小节叙述之列。

（1）型号识别

见图 4-29，室内环温和室内管温传感器均只有 2 根引线。不同的是，室内环温传感器使用塑封探头，室内管温传感器使用铜头探头。

室内环温传感器护套标有（GL/15K），表示传感器型号为 25℃/15kΩ；室内管温传感器护套标有（GL/20K），表示传感器型号为 25℃/20kΩ。

（2）测量传感器阻值

使用万用表电阻档，常温测量传感器阻值，结果应与所测量传感器型号在 25℃ 时阻值接近，如结果接近无穷大或接近 0Ω，则传感器为开路或短路故障。

① 如环境温度低于 25℃，测量结果会大于标称阻值；反之如环境温度高于 25℃，则测量结果会低于标称阻值。

② 测量管温传感器时，如空调器已经制冷（或制热）一段时间，应将管温传感器从蒸发器检测孔抽出并等待约 1min，使表面温度接近环境温度再测量，防止蒸发器表面温度影响检测结果而造成误判。

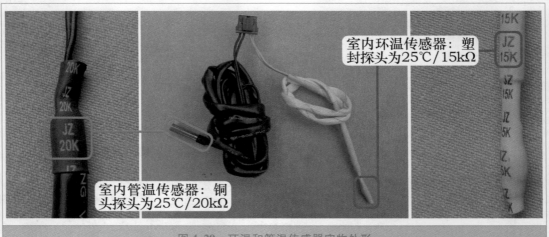

室内环温传感器：塑封探头为25℃/15kΩ

室内管温传感器：铜头探头为25℃/20kΩ

图4-29　环温和管温传感器实物外形

③ 阻值应符合负温度系数热敏电阻变化的特点，即温度上升阻值下降，如温度变化时阻值不做相应变化，则传感器有故障。

④ 实际维修中，管温传感器故障远大于环温传感器。

五、　辅助电加热

1. 作用

由于热泵型空调器制热系统在室外环境温度较低时效果明显下降，因而增加辅助电加热电路，用于冬季运行时辅助提高制热效果；由控制电路和加热器两部分组成，控制电路控制加热器交流电源的接通与断开，加热器产生热量同制热系统产生的热量一起被室内风机带出吹向房间内，提高房间温度。

2. 挂式空调器辅助电加热

（1）安装位置

见图4-30左图，挂式空调器的辅助电加热安装在蒸发器顶部的内侧，位于贯流风扇的上部。空调器工作在制热模式时，房间空气经蒸发器和辅助电加热双重加热，由出风口吹出，从而快速提高房间温度。

取下蒸发器左侧的固定螺钉（俗称螺丝），从左侧向上掀起蒸发器，见图4-30右图，即可看见辅助电加热。取下蒸发器后翻到背面，可直观地查看到辅助电加热固定在蒸发器上面。

（2）PTC式辅助电加热结构

本处所示为美的 KFR-26GW/DY-B（E5）空调器使用 PTC 式的加热装置，见图4-31，由 PTC 加热器、左右2个固定支架、75℃温度保险、2根供电引线及插头组成。

（3）PTC加热器特点

见图4-32，使用 PTC 热敏电阻为发热源，安装在铝管内且与铝管绝缘，铝管外面安装以铝合金材料制成的翅片状散热器，装有过热保护器，具有结构简单、自动控温、升温快速、可随工作电压的变化自动调节输出功率和电流等优点。

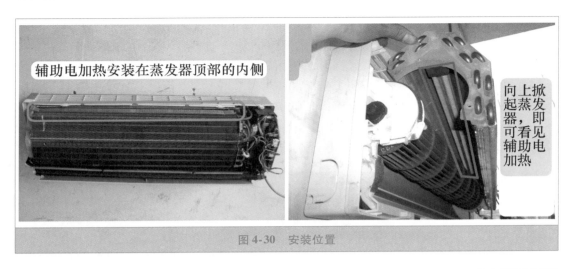

辅助电加热安装在蒸发器顶部的内侧

向上掀起蒸发器，即可看见辅助电加热

图 4-30　安装位置

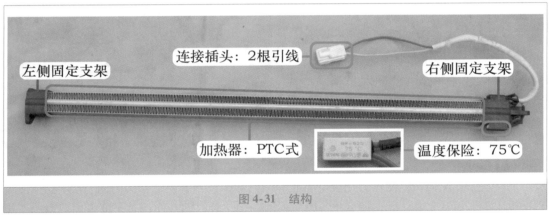

连接插头：2根引线

左侧固定支架

右侧固定支架

加热器：PTC式

温度保险：75℃

图 4-31　结构

　　由于室内风机停止运行等原因，使得 PTC 加热器得不到充分散热，其功率会自动下降，从而降低自身温度，可最大限度避免火灾等事故。

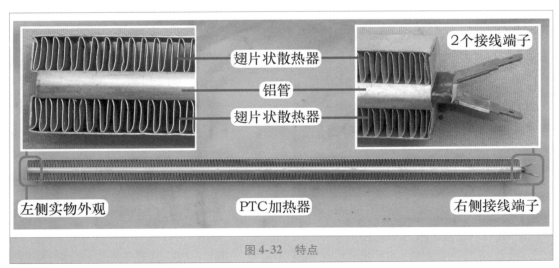

翅片状散热器

铝管

翅片状散热器

2个接线端子

左侧实物外观

PTC加热器

右侧接线端子

图 4-32　特点

（4）测量电流

从空调器铭牌可知，此机使用720W的PTC式辅助电加热装置，见图4-33左图，额定电流为3.3A；在空调器正常运行时，使用万用表交流电流档测量电流，实测约为3.3A，和铭牌标注值相同，可说明工作正常。

如果实测时电流为0A，应使用万用表交流电压档测量供电插头的交流电压，见图4-33右图，如为交流220V，可判断室内机主板已输出交流电压，应测量PTC加热器或75℃温度保险阻值；如电压为交流0V，应检查室内机主板相关单元电路。

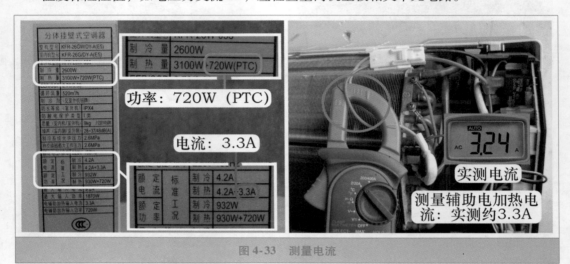

图 4-33　测量电流

（5）测量阻值

首先拔下供电插头，使用万用表电阻档，见图4-34，测量供电插头内的引线，由于PTC热敏电阻阻值随温度变化而迅速变化，PTC辅助电加热长时间未使用过，即表面温度为常温（此时房间温度约10℃），实测阻值约500Ω；当PTC辅助电加热工作约10min后，即表面温度较高，关闭空调器并迅速拔下电源插头，实测阻值约120Ω，并随温度下降，阻值也逐渐上升。

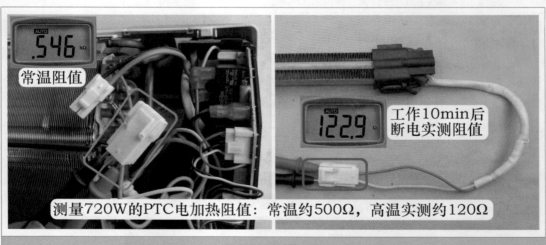

图 4-34　测量阻值

3. 柜式空调器辅助电加热

（1）安装位置

图4-35 左图为格力 KFR-72LW/（72569）NhBa-3 柜式空调器使用 1800W 的 PTC 式辅助电加热器，安装在蒸发器前面。

图4-35 右图为美的 KFR-51LW/DY-GC（E5）柜式空调器使用 1500W 的电加热管式辅助电加热器，安装在蒸发器前面。

图4-35　安装位置

（2）结构

图4-36 左图为 PTC 式辅助电加热装置，由 3 个并联的 PTC 加热器、固定支架、一次性温度保险、可恢复温度开关、2 根供电引线及插头组成。

图4-36 右图为电加热管式辅助电加热装置，由 2 个串联的电加热管、固定支架、一次性温度保险、可恢复温度开关、2 根供电引线及插头组成。

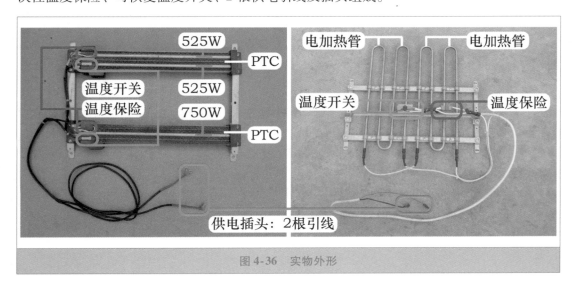

图4-36　实物外形

（3）过热保护装置（可恢复温度开关和一次性温度保险）

电热管式辅助电加热使用的保护装置见图 4-37，PTC 式辅助电加热使用的保护装置见图 4-38，均由可恢复温度开关和一次性温度保险组成，作用是检测辅助电加热工作温度，在温度过高时停止供电，防止因温度过高而引起火灾等事故。

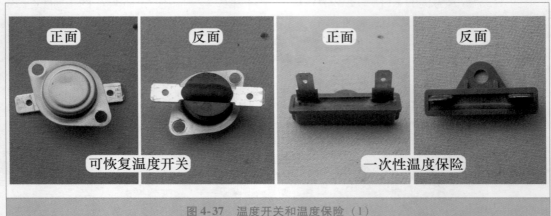

图 4-37　温度开关和温度保险（1）

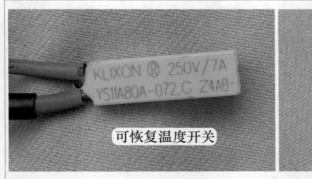 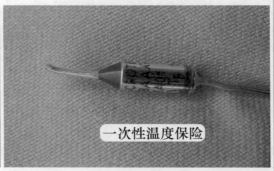

图 4-38　温度开关和温度保险（2）

（4）测量电流

从空调器铭牌可知，格力 KFR-72LW/（72569）NhBa-3 空调器使用 1800W 的 PTC 式辅助电加热装置，见图 4-39 左图，根据公式，电流 = 功率 ÷ 电压 = 1800W ÷ 220V = 8.18A，额定电流约为 8.2A。

在空调器正常运行时，使用万用表交流电流档测量电流，见图 4-39 右图，实测约为 8A，接近铭牌标注值，可说明工作正常。

如果实测时电流为 0A，应使用万用表交流电压档测量供电插头的交流电压，如为交流 220V，可判断室内机主板已输出交流电压，应测量 PTC 加热器阻值或温度开关、温度保险阻值；如电压为交流 0V，应检查室内机主板相关单元电路。

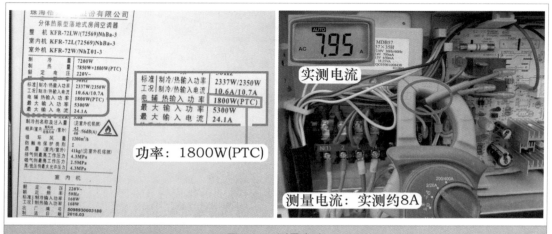

图 4-39　测量电流

（5）测量阻值

首先拔下供电插头，使用万用表电阻档，见图 4-40，测量供电插头内的引线，由于 PTC 热敏电阻阻值随温度变化而迅速变化，PTC 辅助电加热长时间未使用过，即表面温度为常温（此时房间温度约 10℃），实测阻值约 163Ω；当 PTC 辅助电加热工作约 10min 后，即表面温度较高，关闭空调器并迅速拔下电源插头，实测阻值约 26Ω，并随温度下降，阻值也逐渐上升。

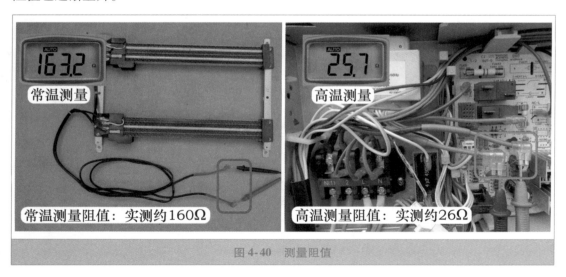

图 4-40　测量阻值

六、　电容

1. 安装位置

见图 4-41，压缩机和室外风机安装在室外机，因此压缩机电容和室外风机电容也安装在室外机，并且安装在室外机专门设计的电控盒内。

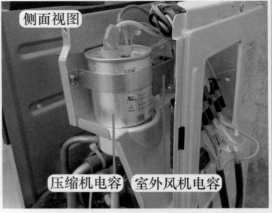

图 4-41　安装位置

2. 综述

　　压缩机电容和室外风机电容实物外形见图 4-42，其中电容最主要的参数是容量和交流耐压值。

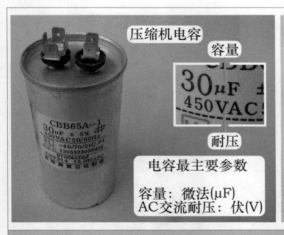
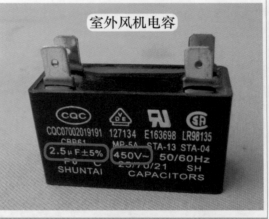

图 4-42　电容主要参数

　　① 容量：单位为微法（μF），由压缩机或室外风机的功率决定，即不同的功率选用不同容量的电容。常见电容使用的规格见表 4-1。

表 4-1　常见电容使用规格

挂式室内风机电容容量：1～2.5μF	柜式室内风机电容容量：2.5～8μF
室外风机电容容量：2～8μF	压缩机电容容量：20～70μF

　　② 耐压：电容工作在交流 220V 的电路中，电容的工作耐压值通常选为交流 450V（AC450V）。

　　③ CBB61（65）：为无极性的聚丙烯薄膜交流电容，具有稳定性好、耐冲击电流、过

载能力强、损耗小、绝缘阻值高等优点。

④ 英文符号：风机电容 FAN CAP、压缩机电容 COMP CAP。

⑤ 作用：压缩机与室外风机在起动时使用。单相电机通入电源时，首先对电容充电，使电机起动绕组中的电流超前运行绕组90°，产生旋转磁场，电机便运行起来。

⑥ 特点：由于为无极性的电容，2 组接线端子的作用相同，使用时没有正负之分。

3. 压缩机电容接线端子

压缩机电容也设有 2 组接线端子，见图 4-43，1 组为 4 片，1 组为 2 片；为 4 片的接线端子功能：接室外机接线端子上的零线（N）、接压缩机运行绕组（R）、接室外风机线圈使用的零线（N）、接四通阀线圈使用的零线（N）；只有 2 片的 1 组只使用 1 片，接压缩机起动绕组（S）。

➡ 说明：如果室外风机或四通阀线圈使用的零线（N），均连接至室外机接线端子上的零线（N），则压缩机电容的 4 片接线端子只连接 2 根引线，即室外机接线端子上的零线（N）和压缩机运行绕组（R）。

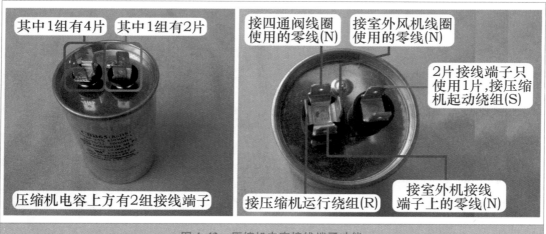

图 4-43　压缩机电容接线端子功能

4. 电容检查方法

（1）根据外观判断压缩机电容

见图 4-44，如果电容底部发鼓，放在桌面（平面）上左右摇晃，说明电容无容量已损坏，可直接更换。正常的电容底部平坦，放在桌面上很稳。

➡ 说明：如电容底部发鼓，肯定损坏，可直接更换；如电容底部平坦，也不能证明肯定正常，应使用其他方法检测或进行代换。

（2）充放电法

将电容的接线端子接上 2 根引线，见图 4-45，通入交流电源（220V）约 1s 对电容充电，然后短接引线两端对电容放电，根据放电声音判断故障：声音很响，电容正常；声音微弱，容量减少；无声音，电容已无容量。

➡ 注意：在操作时一定要注意安全。

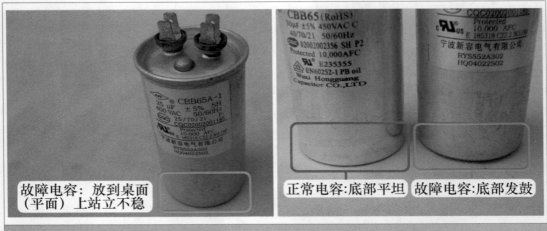

故障电容：放到桌面（平面）上站立不稳

正常电容:底部平坦　故障电容:底部发鼓

图 4-44　根据外观判断压缩机电容

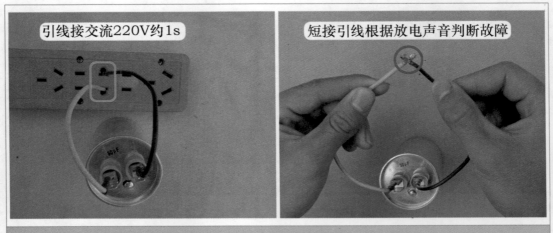

引线接交流220V约1s

短接引线根据放电声音判断故障

图 4-45　根据充放电法判断电容

（3）万用表检测

由于普通万用表不带电容容量检测功能，使用电阻档测量容易引起误判，因此应选用带有电容容量检测功能的万用表或专用仪表来检测容量。

见图 4-46 左图，本例选用某品牌的 VC97 型万用表，最大检测容量为 200μF，特点是检测无极性电容时，使用万用表表笔就可以直接检测；而不像其他品牌或型号的部分万用表，需要将电容接上引线，再插入万用表专用的检测孔才能检测。

➡ 说明：见图 4-46 右图，VC97 型万用表电容档，单位为 nF（毫微法、纳法）和 μF（微法），换算关系为 1μF = 1000nF。

检测时将万用表拨到电容档，断开空调器电源，拔下压缩机电容的 2 组端子上的引线，见图 4-47，使用 2 个表笔直接测量 2 个端子，以标注容量 30μF 的电容为例，实测容量为 30.1μF，说明被测电容正常。

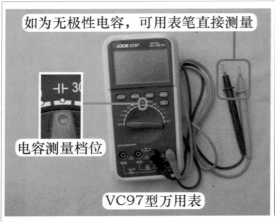
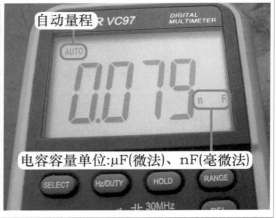

图 4-46　万用表电容测量档位

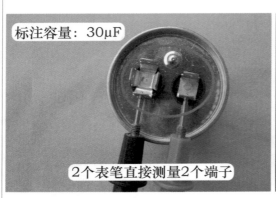
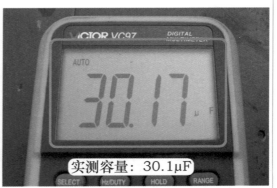

图 4-47　测量电容容量

七、　交流接触器

交流接触器（简称交接）用于控制大功率压缩机的运行和停机，通常使用在 3P 及以上的空调器，常见有单极（双极）或三触点式。

1. 使用范围

（1）单极式（双极式）交流接触器

实物外形见图 4-48，单相供电的压缩机只需要断开 1 路 L 端相线或 N 端零线供电便停止运行，因此 3P 单相供电的空调器通常使用单极（1 路触点）或双极（2 路触点）交流接触器。

（2）三触点式交流接触器

实物外形见图 4-49，三相供电的压缩机只有同时断开 2 路或 3 路供电才能停止运行，因此 3P 或 5P 三相供电的空调器使用三触点式交流接触器。

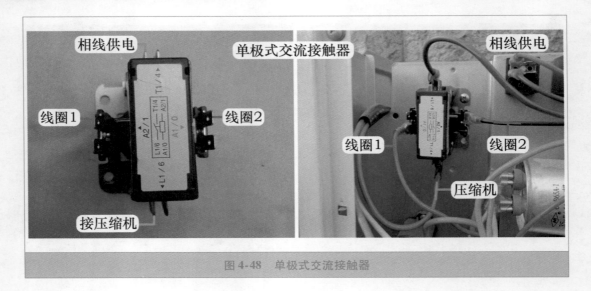

图 4-48　单极式交流接触器

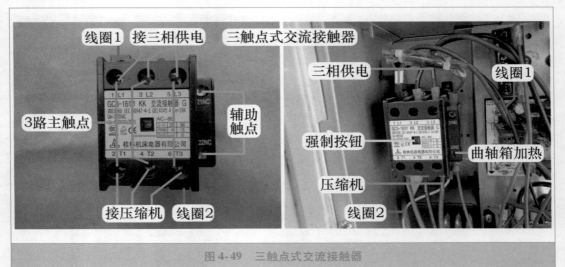

图 4-49　三触点式交流接触器

2. 工作原理

内部结构见图 4-50 左图，工作原理见图 4-50 右图，交流接触器线圈通电后，在静铁心中产生磁通和电磁吸力，此电磁吸力克服弹簧的阻力，使得动铁心向下移动，与静铁心吸合，动铁心向下移动的同时带动动触点向下移动，使动触点和静触点闭合，静触点的 2 个接线端子导通，供电的接线端子向负载（压缩机）提供电源，压缩机开始运行。

当线圈断电或两端电压显著降低时，静铁心中电磁吸力消失，弹簧产生的反作用力使动铁心向上移动，动触点和静触点断开，压缩机因无电源而停止运行。

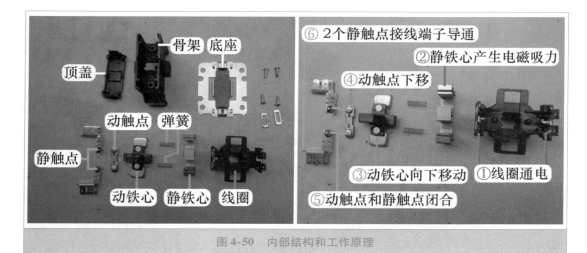

图4-50 内部结构和工作原理

3. 测量交流接触器线圈和端子阻值

（1）测量线圈阻值

使用万用表电阻档，测量线圈阻值。交流接触器触点电流（即所带负载的功率）不同，线圈阻值也不相同，符合功率大其线圈阻值小、功率小其线圈阻值大的特点。

见图4-51，实测示例交流接触器线圈阻值约1.1kΩ。测量5P空调器使用的三触点式交流接触器线圈（型号GC3-18/01）阻值约为400Ω。

如果实测线圈阻值为无穷大，则说明线圈开路损坏。

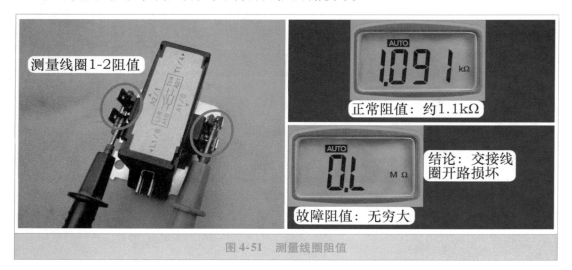

图4-51 测量线圈阻值

（2）测量接线端子阻值

使用万用表电阻档，测量交流接触器的2个接线端子阻值，分2次，即静态测量和动态测量，静态测量指交流接触器线圈电压为交流0V时，动态测量指交流接触器线圈电压为交流220V时。

① 静态测量接线端子阻值：交流接触器线圈不通电源，见图4-52，即交流接触器线圈电压为交流0V，触点处于断开状态，阻值应为无穷大。如实测阻值为0Ω，说明交流接

触器触点粘连故障，引起只要空调器通上电源、压缩机就开始工作的故障。

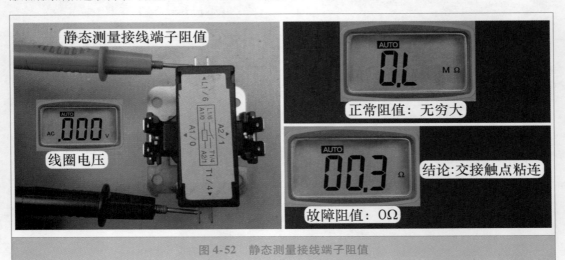

静态测量接线端子阻值

线圈电压

正常阻值：无穷大

结论：交接触点粘连

故障阻值：0Ω

图 4-52　静态测量接线端子阻值

② 动态测量接线端子阻值：将交流接触器线圈通上电源交流 220V，见图 4-53，触点处于闭合状态，阻值应为 0Ω；如实测阻值为无穷大，说明内部触点由于积炭导致锈蚀，压缩机在开机后由于没有交流电压（220V 或 380V）而不能工作。

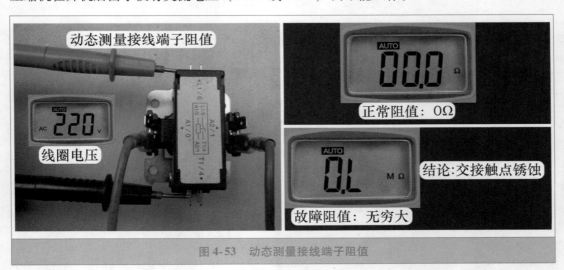

动态测量接线端子阻值

线圈电压

正常阻值：0Ω

结论：交接触点锈蚀

故障阻值：无穷大

图 4-53　动态测量接线端子阻值

八、　四通阀线圈

1. 安装位置

见图 4-54，四通阀设在室外机，因此四通阀线圈也设计在室外机，线圈在四通阀阀体上面套着。取下固定螺钉，可发现四通阀线圈共有 2 根紫线（或蓝线），英文符号为 4V、4YV、VALVE。

工作时线圈得到供电，产生的电磁力移动四通阀内部活塞衔铁，在两端压力差的作用下，带动阀块移动，从而改变制冷剂在制冷系统中的流向，使系统根据使用者的需要工作在制冷或制热模式。制冷模式下线圈工作电压为交流0V。

➡ 说明：四通阀线圈不在四通阀上面套着时，不能向线圈通电；如果通电会发出很强的"嗡嗡"声，容易损坏线圈。

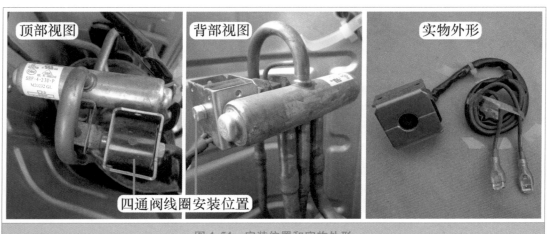

图4-54　安装位置和实物外形

2. 测量四通阀线圈阻值

（1）在室外机接线端子处测量

格力KFR-23GW/Aa-3定频空调器室外机接线端子上共有5根引线，1根为N零线公共端（1号-蓝线）、1根接压缩机（2号-黑线）、1根接四通阀线圈（4号-紫线）、1根接室外风机（5号-橙线）、1根接地线（3号-黄绿线）。

使用万用表电阻档，见图4-55左图，1个表笔接1号N零线公共端、1个表笔接4号紫线，测量阻值，实测约为2.1kΩ。

（2）取下线圈直接测量接线端子

见图4-55右图，表笔直接测量2个接线端子，实测阻值和在室外机接线端子上测量相等，约为2.1kΩ。

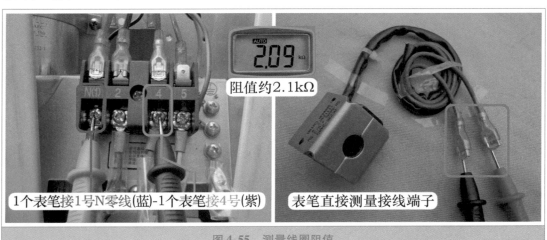

图4-55　测量线圈阻值

第三节 电 机

一、步进电机

1. 挂式空调器中使用的步进电机

步进电机是一种将电脉冲转化为角位移动的执行机构，通常使用在挂式空调器上面。见图4-56左图，步进电机设计在室内机右侧下方的位置，固定在接水盘上，作用是驱动导风板（风门叶片）上下转动，使室内风机吹出的风到达用户需要的地方。

步进电机实物外形和线圈接线图见图4-56右图，示例步进电机型号为MP24AA，供电电压为直流12V，共有5根引线，驱动方式为4相8拍。

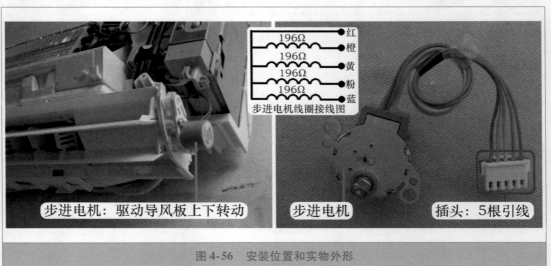

步进电机：驱动导风板上下转动　　　步进电机　　　插头：5根引线

图4-56 安装位置和实物外形

2. 柜式空调器中使用的步进电机

早期的柜式空调器上下风门叶片通常为手动调节，左右风门叶片由同步电机（交流220V供电）驱动，但在目前的柜式空调器中，见图4-57，上下和左右风门叶片通常由步进电机（直流12V供电）驱动。

见图4-58，左右步进电机直接驱动其中1片叶片，再通过连杆连接其他5片，从而带动6片叶片，实现左右风门叶片的转动。

见图4-59，上下步进电机通过连杆直接连接6片叶片，驱动其旋转，实现上下风门叶片的转动。

➡ 说明：早期或目前的部分空调器，上下风门叶片为手动调节。

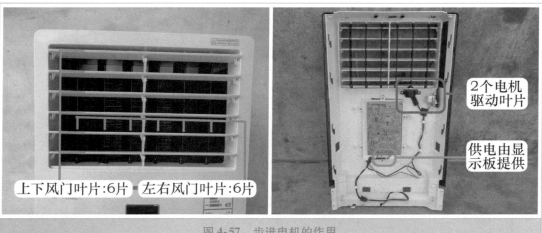

图 4-57　步进电机的作用

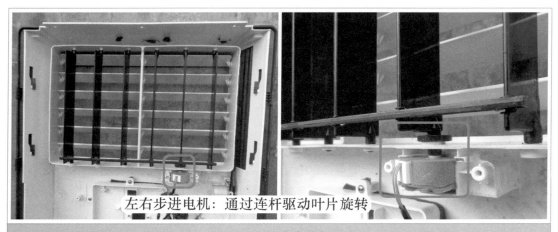

图 4-58　左右步进电机

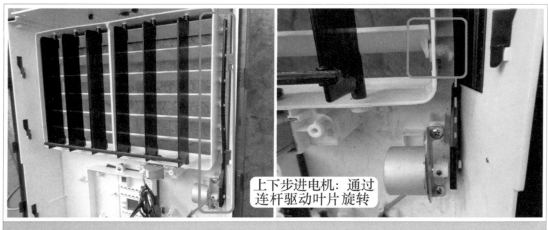

图 4-59　上下步进电机

3. 内部结构

见图4-60，步进电机由外壳、上盖、定子、线圈、转子、变速齿轮、轴头（输出接头）、连接线、插头等组成。

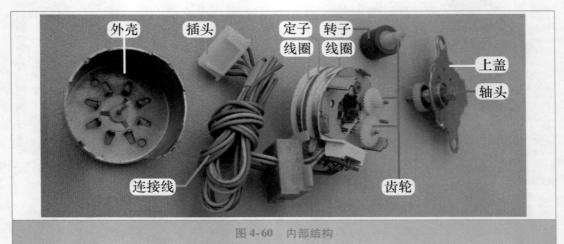

外壳　插头　定子 转子　上盖
　　　线圈 线圈　轴头
连接线　　　齿轮

图4-60　内部结构

4. 引线辨别方法

步进电机共有5根引线，示例电机的颜色分别为红、橙、黄、粉、蓝。其中1根为公共端，另外4根为线圈接驱动控制，更换时需要将公共端引线与室内机主板插座的直流12V引针相对应，常见辨别方法为使用万用表测量引线阻值和观察室内机主板步进电机插座。

（1）使用万用表电阻档测量引线阻值

使用万用表逐个测量引线之间阻值，共有2组阻值，196Ω和392Ω，而392Ω为196Ω的2倍。测量5根引线，当1个表笔接1根引线不动，另1个表笔接另外4根引线，阻值均为196Ω时，那么这根引线即为公共端。

见图4-61，实测示例电机引线，红与橙、红与黄、红与粉、红与蓝的阻值均为196Ω，说明红线为公共端。

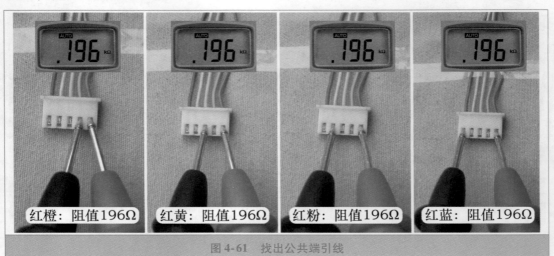

红橙：阻值196Ω　　红黄：阻值196Ω　　红粉：阻值196Ω　　红蓝：阻值196Ω

图4-61　找出公共端引线

➡ 说明：196Ω 和 392Ω 只是示例步进电机阻值，其他型号的步进电机阻值会不相同，但只要符合倍数关系即为正常，并且公共端引线通常位于插头的最外侧位置。

4 根接驱动控制的引线之间阻值，应为公共端与 4 根引线阻值的 2 倍。见图 4-62，实测蓝与粉、蓝与黄、蓝与橙、粉与黄、粉与橙、黄与橙阻值相等，均为 392Ω。

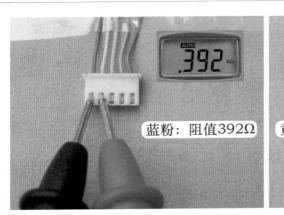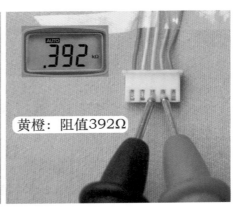

图 4-62　测量驱动引线阻值

（2）观察室内机主板步进电机插座

见图 4-63，将步进电机插头插在室内机主板插座上，观察插座引针连接的元件。引针接直流 12V，对应的引线为公共端；其余 4 个引针接反相驱动器，对应引线为线圈。

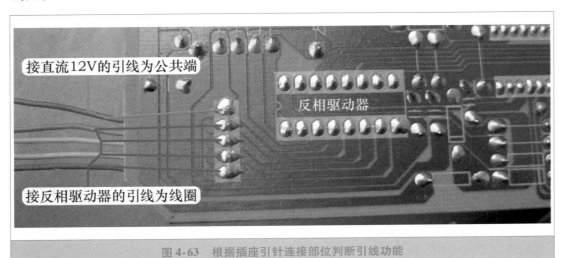

图 4-63　根据插座引针连接部位判断引线功能

二、同步电机

1. 安装位置

同步电机通常使用在柜式空调器上面，见图 4-64，安装在室内机上部的右侧，作用是驱动导风板（风门叶片）左右转动，使室内风机吹出的风到达用户需要的地方。

➡ 说明：柜式空调器的上下导风板一般为手动调节，但目前的部分空调器改为自动调节，且通常使用步进电机驱动。

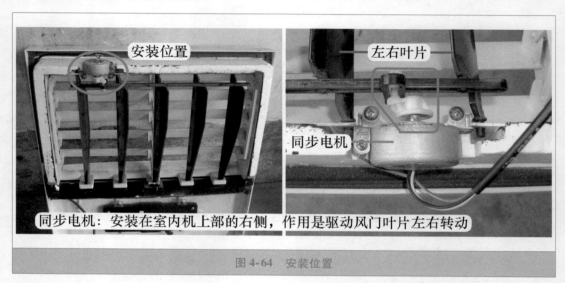

图 4-64　安装位置

2. 实物外形

示例同步电机型号为 SM014B，见图 4-65，共有 2 根供电引线和 1 根地线。工作电压为交流 220V、频率为 50Hz、功率为 4W、每分钟转动约 5 圈（4.1/5r/min）。

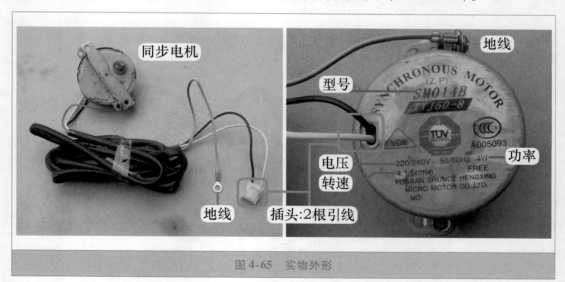

图 4-65　实物外形

3. 内部结构

见图 4-66，同步电机由外壳、定子（内含线圈）、转子、变速齿轮、轴头（输出接头）、上盖、连接引线及插头组成。

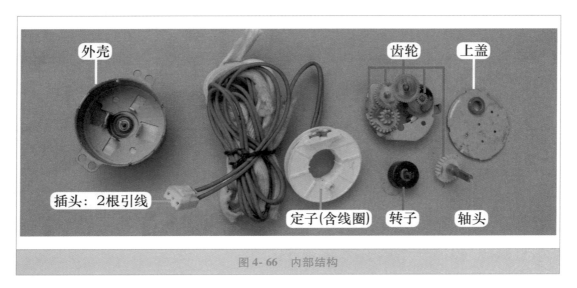

图 4-66 内部结构

4. 测量线圈阻值

同步电机只有 2 根引线,使用万用表电阻档,见图 4-67,测量引线阻值,实测约为 8.6kΩ。根据型号不同,阻值也不相同,某型号同步电机实测阻值约为 10kΩ。

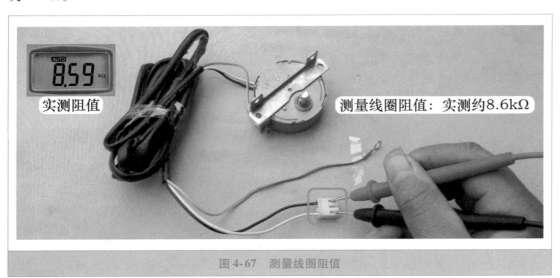

图 4-67 测量线圈阻值

三、 室内风机(PG 电机)

1. 安装位置

见图 4-68,室内风机安装在室内机右侧,作用是驱动室内风扇(贯流风扇)。制冷模式下,室内风机驱动贯流风扇运行,强制吸入房间内空气至室内机,经蒸发器降低温度后以一定的风速和流量吹出,来降低房间温度。

贯流风扇　　　　室内风机

室内风机：安装在室内机右侧，作用是驱动贯流风扇

图 4-68　安装位置和作用

2. 常用型式

室内风机常见有 3 种型式。

① 抽头电机：实物外形和引线插头作用见图 4-69，通常使用在早期空调器，目前已经很少使用，交流 220V 供电。

② PG 电机：实物外形见图 4-71 左图，引线插头作用见图 4-77，使用在目前的全部定频空调器、交流变频空调器、直流变频空调器，是使用最广泛的型式，交流 220V 供电。PG 电机是本节重点介绍的内容。

③ 直流电机：实物外形和引线插头作用见图 4-70，使用在全直流变频空调器或高档定频空调器，直流 300V 供电。

抽头电机

线圈供电插头

图 4-69　抽头电机和引线插头

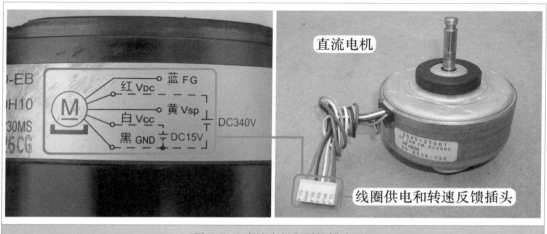

图 4-70　直流电机和引线插头

3. PG 电机和抽头电机不同点

① 供电电压：PG 电机实际工作电压通常为交流 90～170V，抽头电机为交流 220V。

② 转速控制：PG 电机通过改变供电电压的高低来改变转速；抽头电机一般有 3 个抽头，可以形成 3 个转速，通过改变电机抽头端的供电来改变转速。

③ 控制电路：PG 电机控制转速准确，但电机需要增加霍尔元件，控制部分还需要增加霍尔反馈电路和过零检测电路，控制复杂；抽头电机控制方法简单，但电机需要增加绕组抽头，工序复杂，另外控制部分需要 3 个继电器控制 3 个转速，使用的零部件多，成本高。

④ 转速反馈：PG 电机内含霍尔元件，向主板 CPU 反馈代表实际转速的霍尔信号，CPU 通过调节光耦晶闸管（俗称光耦可控硅）的导通角使 PG 电机转速与目标转速相同；抽头电机无转速反馈功能。

4. 实物外形

图 4-71 左图为实物外形，PG 电机使用交流 220V 供电，最主要的特征是内部设有霍尔，

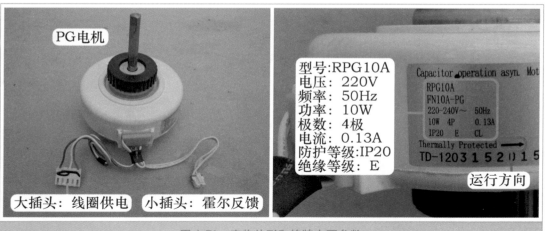

图 4-71　实物外形和铭牌主要参数

在运行时输出代表转速的霍尔信号，因此共有 2 个插头，大插头为线圈供电，使用交流电源，作用是使 PG 电机运行；小插头为霍尔反馈，使用直流电源，作用是输出代表转速的霍尔信号。

图 4-71 右图为 PG 电机铭牌主要参数，示例电机型号为 RPG10A（FN10A-PG），使用在 1P 挂式空调器。主要参数：工作电压交流 220V、频率 50Hz、功率 10W、4 极、额定电流 0.13A、防护等级 IP20、E 级绝缘。

➡️ 说明：绝缘等级按电机所用的绝缘材料允许的极限温度划分，E 级绝缘指电机采用材料的绝缘耐热温度为 120℃。

5. 内部结构

见图 4-72，PG 电机由定子（含引线和线圈供电插头）、转子（含磁环和上下轴承）、霍尔电路板（含引线和霍尔反馈插头）、上盖和下盖、上部和下部的减振胶圈组成。

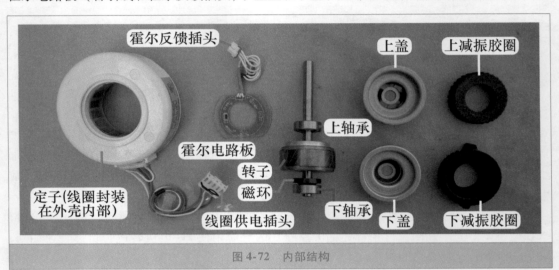

图 4-72　内部结构

6. PG 电机引线辨认方法

常见有 3 种方法，即根据室内机主板 PG 电机插座引针所接元件、使用万用表电阻档测量线圈引线阻值、查看 PG 电机铭牌。

（1）根据主板插座引针判断线圈引线功能

见图 4-73，将 PG 电机线圈供电插头插在室内机主板，查看插座引针所接元件：引针接光耦晶闸管，对应的白线为公共端（C）；引针接电容和电源 N 端，对应的棕线为运行绕组（R）；引针只接电容，对应的红线为起动绕组（S）。

（2）使用万用表电阻档测量线圈引线阻值

使用单相交流 220V 供电的电机，线圈设有运行绕组和起动绕组，在实际绕制铜线时，见图 4-74，由于运行绕组起主要旋转作用，使用的线径较粗，且匝数少，因此阻值小一些；而起动绕组只起起动的作用，使用的线径较细，且匝数多，因此阻值大一些。

每个绕组共有 2 个接头，2 个绕组共有 4 个接头，但在电机内部，将运行绕组和起动绕组的一端连接在一起作为公共端，只引出 1 根引线，因此电机共引出 3 根引线或 3 个接线端子。

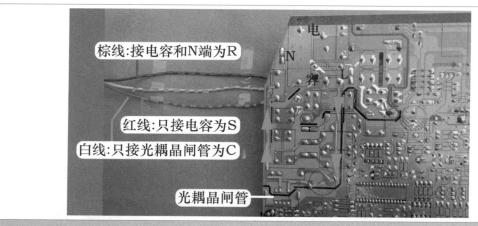

图 4-73 根据插座引针连接部位判断引线功能

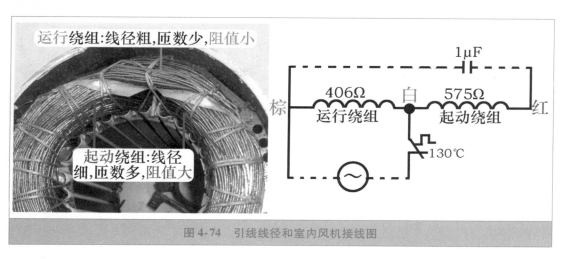

图 4-74 引线线径和室内风机接线图

① 找出公共端：见图 4-75 左图，逐个测量室内风机线圈供电插头的 3 根引线阻值，

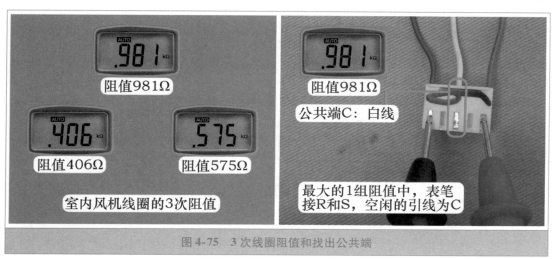

图 4-75 3 次线圈阻值和找出公共端

会得出 3 次不同的结果，RPG10A 电机实测阻值依次为 981Ω、406Ω、575Ω，阻值关系为 981Ω = 406Ω + 575Ω，即最大阻值 981Ω 为起动绕组 + 运行绕组的总数。

在最大的阻值 981Ω 中，见图 4-75 右图，表笔接的引线为起动绕组（S）和运行绕组（R），空闲的 1 根引线为公共端（C），本机为白线。

② 找出运行绕组和起动绕组：1 个表笔接公共端白线 C，另 1 个表笔测量另外 2 根引线阻值。

阻值小（406Ω）的引线为运行绕组（R），见图 4-76 左图，本机为棕线。

阻值大（575Ω）的引线为起动绕组（S），见图 4-76 右图，本机为红线。

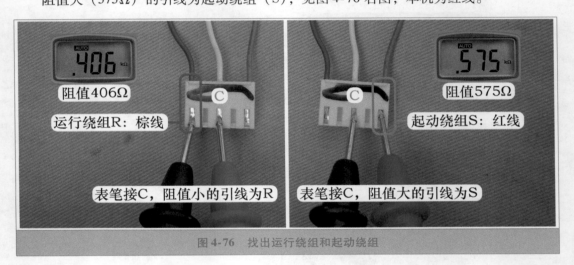

图 4-76　找出运行绕组和起动绕组

（3）查看电机铭牌

见图 4-77，铭牌标有电机的各个信息，包括主要参数，及引线颜色的作用。PG 电机设有 2 个插头，因此设有 2 组引线，电机线圈使用 M 表示，霍尔电路板使用电路图表示，各有 3 根引线。

电机线圈：白线只接交流电源，为公共端（C）；棕线接交流电源和电容，为运行绕组（R）；红线只接电容，为起动绕组（S）。

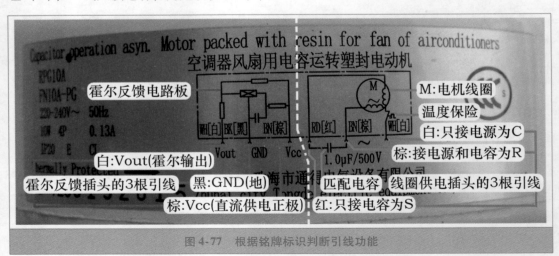

图 4-77　根据铭牌标识判断引线功能

霍尔反馈电路板：棕线 Vcc，为直流供电正极，本机供电电压为直流 5V；黑线 GND，为直流供电公共端地；白线 Vout，为霍尔信号输出。

四、　室内风机（离心电机）

1. 安装位置

见图 4-78，室内风机（离心电机）安装在柜式空调器的室内机下部，作用是驱动室内风扇（离心风扇）。制冷模式下，离心电机驱动离心风扇运行，强制吸入房间内空气至室内机，经蒸发器降低温度后以一定的风速和流量吹出，来降低房间温度。

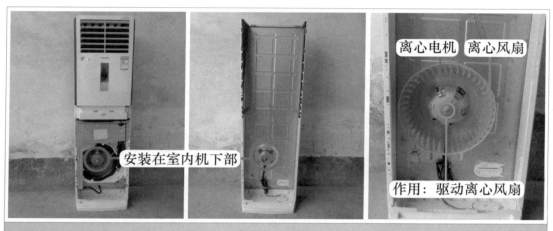

图 4-78　离心电机安装位置和作用

2. 分类

（1）多速抽头交流电机

实物外形见图 4-79 左图，使用交流 220V 供电，运行速度根据机型设计通常分有 2 速-3 速-4 速等，通过改变电机抽头端的供电来改变转速，是目前柜式空调器应用最多也是最常见的离心电机型式。

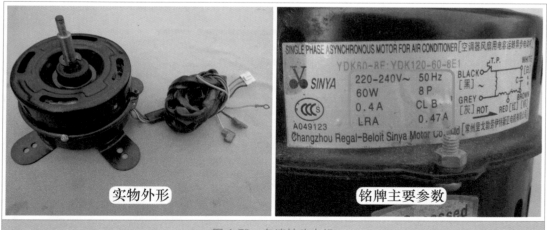

图 4-79　多速抽头电机

图 4-79 右图为离心电机铭牌主要参数，示例电机型号为 YDK60-8E，使用在 2P 柜式空调器中。主要参数：工作电压交流 220V、频率 50Hz、功率 60W、8 极、运行电流 0.4A、B 级绝缘、堵转电流 0.47A。

（2）直流电机

直流电机使用直流 300V 供电，转速可连续宽范围调节，室内机主板 CPU 通过较为复杂的电路来控制，并可根据反馈的信号测定实时转速，通常使用在全直流柜式变频空调器或高档的定频空调器。

3. 内部结构

见图 4-80，离心电机由上盖、下盖、转子、上轴承、下轴承、定子、线圈、连接线、插头等组成。

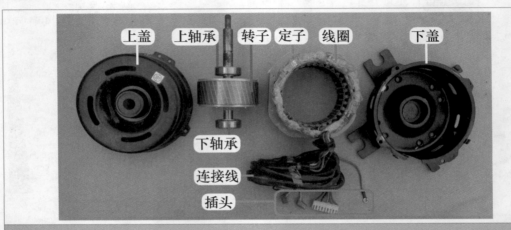

图 4-80　内部结构

五、　室外风机

1. 安装位置和作用

室外风机安装在室外机左侧的固定支架，见图 4-81，作用是驱动室外风扇。制冷模式下，室外风机驱动室外风扇运行，强制吸收室外自然风为冷凝器散热，因此室外风机

图 4-81　安装位置和作用

也称为"轴流电机"。

2. 分类

（1）单速交流电机

实物外形见图 4-84 左图，引线插头作用见图 4-89，使用交流 220V 供电，运行速度固定不可调节，是目前应用最广泛的型式，也是本节重点介绍的类型，常见于目前的全部定频空调器、部分交流变频空调器和直流变频空调器的室外风机。

（2）多速抽头交流电机

实物外形和引线插头作用见图 4-82，使用交流 220V 供电，运行速度根据机型设计通常分为 2 速或 3 速，通过改变电机抽头端的供电来改变转速，常见于早期的部分定频空调器和变频空调器、目前的部分直流变频空调器。

图 4-82　多速抽头电机

（3）直流电机

实物外形和引线插头作用见图 4-83，使用直流 300V 供电，转速可连续宽范围调节，使用此电机的室外机设有电路板，CPU 通过较为复杂的电路来控制，常见于全直流挂式或柜式变频空调器。

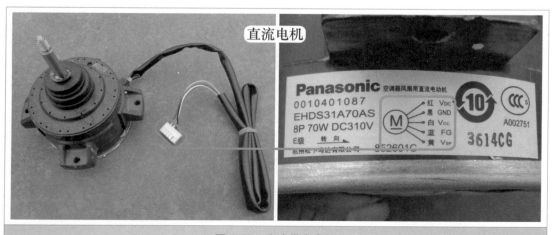

图 4-83　直流供电电机

125

3. 单速交流电机实物外形

示例电机使用在格力空调器型号为 KFR-23W/R03-3 的室外机，实物外形见图 4-84 左图，单一风速，共有 4 根引线；其中 1 根为地线，接电机外壳，另外 3 根为线圈引线。

图 4-84 右图为铭牌参数含义，型号为 YDK35-6K（FW35X）。主要参数：工作电压交流 220V、频率 50Hz、功率 35W、额定电流 0.3A、转速 850r/min、6 极、B 级绝缘。

➡ 说明：B 级绝缘指电机采用材料的绝缘耐热温度为 130℃。

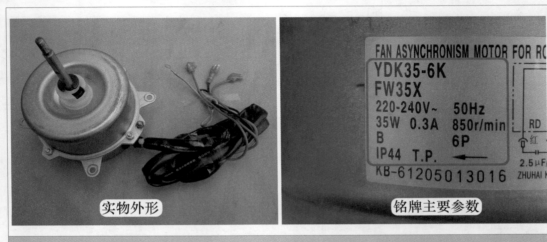

图 4-84　实物外形和铭牌主要参数

4. 室外风机结构

此处以某款空调器室外风机为例，电机型号为 KFD-50K，4 极 34W。

（1）内部结构

见图 4-85，室外风机由上盖、下盖、转子、上轴承、下轴承、定子、线圈、连接线、插头等组成。

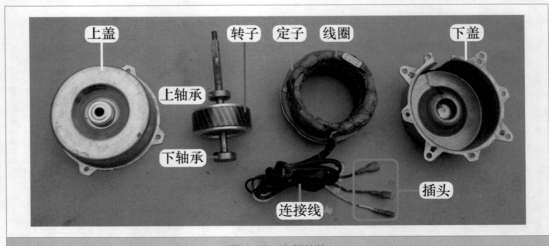

图 4-85　内部结构

（2）温度保险

见图 4-86，温度保险为铁壳封装，直接固定在线圈表面，外壳设有塑料套，保护温度为 130℃，断开后不可恢复。

当温度保险因电机堵转或线圈短路，使得线圈温度超过 130℃，温度保险断开保护，由于串接在公共端引线，断开后室外风机因无供电而停止运行。

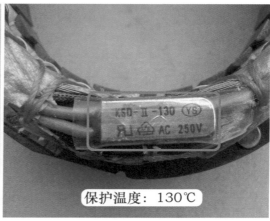

温度保险：固定在线圈表面　保护温度：130℃

图 4-86　温度保险

（3）线圈和极数

线圈由铜线按规律镶嵌在定子槽内，整个线圈分为 2 个绕组，见图 4-87 左图，位于外侧的线圈为运行绕组，位于内侧的线圈为起动绕组。

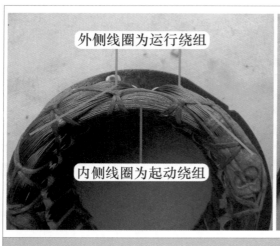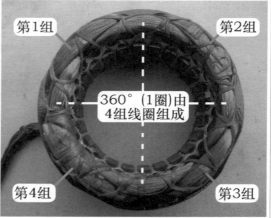

外侧线圈为运行绕组　　第1组　　第2组

内侧线圈为起动绕组　　360°（1圈）由 4组线圈组成

第4组　　第3组

图 4-87　线圈和极数

电机极数的定义：通俗的解释为，在定子的 360°（即 1 圈）由几组线圈组成，那么此电机就为几极电极。见图 4-87 右图，示例电机在 1 圈内由 4 组线圈组成，那么此电机即为 4 极电机，无论起动绕组还是运行绕组，1 圈内均由 4 组线圈组成。极数均为偶数，

2个极（N极和S极）组成1个磁极对数。

由线圈极数可决定电机的转速，每分钟转速 $N(\mathrm{r/min})$ = 秒 × 电源频率 ÷ 磁极对数，示例电机为4极，共2个磁极对数，理论转速为 $60\mathrm{s} \times 50\mathrm{Hz} \div 2 = 1500\mathrm{r/min}$，减去阻力等因素，实际转速约为 $1450\mathrm{r/min}$。6极电机理论转速为 $1000\mathrm{r/min}$，实际转速约为 $900\mathrm{r/min}$。压缩机使用2极电机，理论转速为 $3000\mathrm{r/min}$，实际转速约为 $2900\mathrm{r/min}$。

（4）工作原理

使用电容感应式电机，内含2个绕组：起动绕组和运行绕组，2个绕组在空间上相差90°。在起动绕组上串联了1个容量较大的电容，当运行绕组和起动绕组通过单相交流电时，由于电容作用使起动绕组中的电流在时间上比运行绕组的电流超前90°角，先到达最大值，在时间和空间上形成两个相同的脉冲磁场，使定子与转子之间的气隙中产生了一个旋转磁场，在旋转磁场的作用下，电机转子中产生感应电流，电流与旋转磁场互相作用产生电磁场转矩，使电机旋转起来。

5. 线圈引线作用辨认方法

（1）根据实际接线判断引线功能

见图4-88，室外风机线圈共有3根引线：黑线只接接线端子上的电源N端（1号），为公共端（C）；棕线接电容和电源L端（5号），为运行绕组（R）；红线只接电容，为起动绕组（S）。

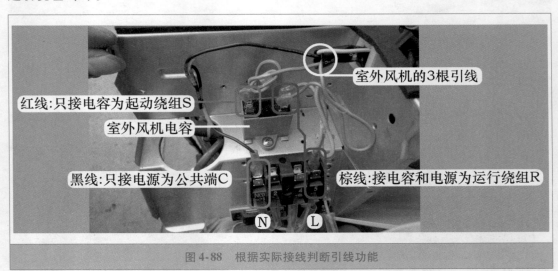

图 4-88 根据实际接线判断引线功能

（2）根据电机铭牌标识或电气接线图判断引线功能

电机铭牌贴于室外风机表面，通常位于上部，检修时能直接查看。铭牌主要标识室外风机的主要信息，其中包括电机线圈引线的功能，见图4-89左图，黑线（BK）只接电源为公共端（C），棕线（BN）接电容和电源为运行绕组（R），红线（RD）只接电容为起动绕组（S）。

电气接线图通常贴于室外机接线盖内侧或顶盖右侧。见图4-89右图，通过查看电气接线图，也能区别电机线圈的引线功能：黑线只接电源N端为公共端（C）、棕线接电容和电源L端（5号）为运行绕组（R）、红线只接电容为起动绕组（S）。

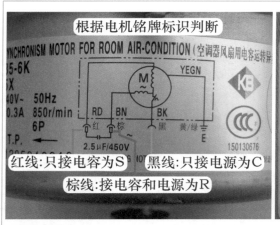
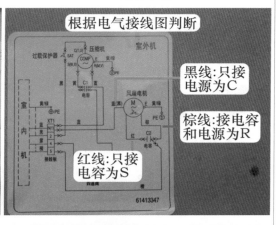

图4-89　根据铭牌标识和室外机电气接线图判断引线功能

（3）使用万用表电阻档测量线圈阻值

见图4-90左图，逐个测量室外风机线圈的3根引线阻值，会得出3次不同的结果，YDK35-6K（FW35X）电机实测阻值依次为463Ω、198Ω、265Ω，阻值关系为463Ω = 198Ω + 265Ω，即最大阻值463Ω为起动绕组 + 运行绕组的阻值总和。

① 找出公共端：见图4-90右图，在最大的阻值463Ω中，表笔接的引线为起动绕组和运行绕组，空闲的1根引线为公共端（C），本机为黑线。

➡ 说明：测量室外风机线圈阻值时，应当用手扶住室外风扇再测量，可防止因扇叶转动、电机线圈产生感应电动势干扰万用表显示数据。

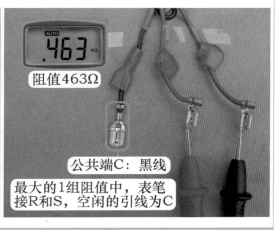

图4-90　3次线圈阻值和找出公共端

② 找出运行绕组和起动绕组：1个表笔接公共端（C），另1个表笔测量另外2根引线阻值，通常阻值小的引线为运行绕组（R）、阻值大的引线为起动绕组（S）。但本机实测阻值大（265Ω）的棕线为运行绕组（R），见图4-91左图；阻值小（198Ω）的红线为

起动绕组（S），见图4-91右图。

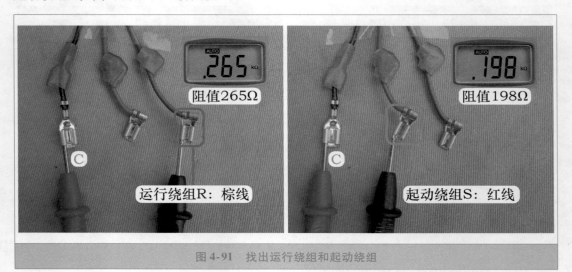

阻值265Ω

运行绕组R：棕线

阻值198Ω

起动绕组S：红线

图4-91　找出运行绕组和起动绕组

六、　压缩机

1. 安装位置和作用

压缩机是制冷系统的心脏，将低温低压的气体压缩成为高温高压的气体。压缩机由电机部分和压缩部分组成。电机通电后运行，带动压缩部分工作，使吸气管吸入的低温低压制冷剂气体变为高温高压气体。

见图4-92左图，压缩机安装在室外机右侧，固定在室外机底座。其中压缩机接线端子连接电控系统，吸气管和排气管连接制冷系统。

图4-92右图为旋转式压缩机实物外形，设有吸气管、排气管、接线端子、储液瓶（又称气液分离器、储液罐）等接口。

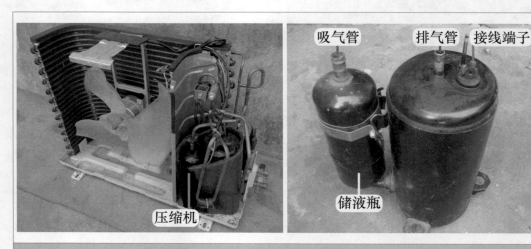

吸气管　　排气管　接线端子

储液瓶

压缩机

图4-92　安装位置和实物外形

2. 分类

（1）按机械结构分类

压缩机常见型式有 3 种：活塞式、旋转式、涡旋式，实物外形见图 2-3。本节重节介绍旋转式压缩机。

（2）按汽缸个数分类

旋转式压缩机按汽缸个数不同，见图 4-93，可分为单转子和双转子压缩机。单转子压缩机只有 1 个汽缸，多使用在早期和目前的大多数空调器中，其底部只有 1 根进气管；双转子压缩机设有 2 个汽缸，多使用在目前的高档或功率较大的空调器，其底部设有 2 根进气管，双转子相对于单转子压缩机，在增加制冷量的同时又降低运行噪声。

单转子压缩机　　双转子压缩机

图 4-93　单转子和双转子压缩机

（3）按供电电压分类

压缩机根据供电的不同，见图 4-94，可分为交流供电和直流供电 2 种，而交流供电又分为交流 220V 和交流 380V 共 2 种。交流 220V 供电压缩机常见于 1～3P 定频空调器，交流 380V 供电压缩机常见于 3～5P 定频空调器，直流供电压缩机通常见于直流或全直流变频空调器，早期变频空调器使用交流供电压缩机。

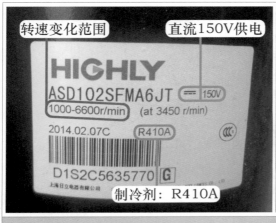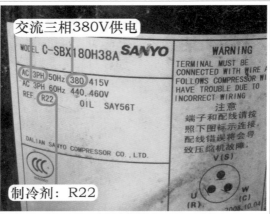

转速变化范围　　直流150V供电　　交流三相380V供电

制冷剂：R410A　　制冷剂：R22

图 4-94　直流和交流供电压缩机铭牌

（4）按电机转速分类

压缩机按电机转速不同，见图 4-95，可分为定频和变频 2 种。定频压缩机其电机一直以 1 种转速运行，变频压缩机转速则根据制冷系统要求按不同转速运行。

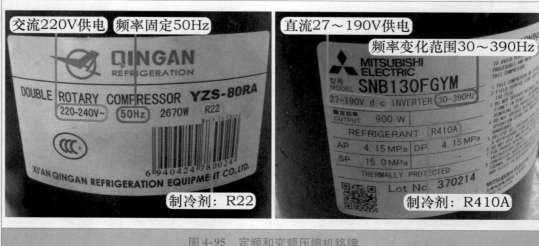

图 4-95　定频和变频压缩机铭牌

（5）按制冷剂分类

压缩机根据采用的制冷剂不同，常分为 R22 和 R410A，R22 型压缩机常见于定频空调器中，R410A 型压缩机常见于变频空调器中。

3. 剖解压缩机

本小节以剖解上海日立 SHW33TC4-U 旋转式压缩机为基础，介绍旋转式压缩机内部结构和工作原理。

（1）内部结构

见图 4-96，压缩机由储液瓶（含吸气管）、上盖（含接线端子和排气管）、定子（含线圈）、转子（上方为转子、下方为压缩部分组件）、下盖等组成。

图 4-96　内部结构

（2）内置式过载保护器安装位置

见图 4-97，内置式过载保护器安装在接线端子附近；取下压缩机上盖，可看到内置过载保护器固定在上盖上面，串接在接线端子的公共端。

示例压缩机内置过载保护器型号为 UP3-29，共有 2 个接线端子：1 个接上盖接线端子的公共端、1 个接压缩机线圈的公共端。UP3 系列内置过载保护器具有过热和过电流双重保护功能。

过热时：根据压缩机内部的温度变化，影响保护器内部温度的变化，使双金属片受热后发生弯曲变形来控制保护器的断开和闭合。过电流时：如压缩机壳体温度不高而电流很大，保护器内部的电加热丝发热量增加，使保护器内部温度上升，最终也是通过温度的变化达到保护的目的。

图 4-97　内置式过载保护器安装位置

（3）电机部分

电机部分包括定子和转子。见图 4-98 左图，压缩机线圈镶嵌在定子槽内，外圈为运行绕组、内圈为起动绕组，使用 2 极电机，转速约为 2900r/min。

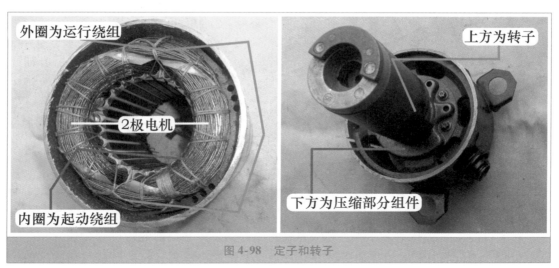

图 4-98　定子和转子

见图 4-98 右图，转子和压缩部分组件安装在一起，转子位于上方，安装时和电机定子相对应。

（4）压缩部分组件

转子下方为压缩部分组件，压缩机电机线圈通电时，通过磁场感应使转子以约 2900r/min 转动，带动压缩部分组件工作，将吸气管吸入的低温低压制冷剂气体，变为高温高压的制冷剂气体由排气管排出。

见图 4-99 和图 4-100，压缩部分主要由汽缸、上汽缸盖、下汽缸盖、刮片、滚动活塞（滚套）、偏心轴等部件组成。

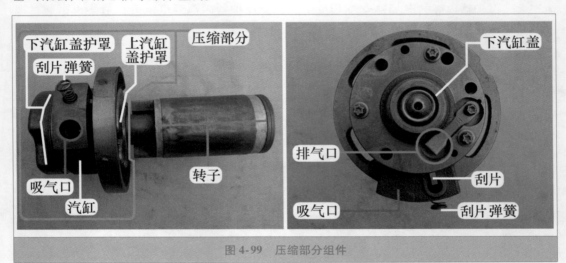

图 4-99　压缩部分组件

排气口位于下汽缸盖，设有排气阀片和排气阀片限制器，排出的气体经压缩机电机缸体后，和位于顶部的排气管相通，也就是说压缩机大部分区域均为高温高压状态。

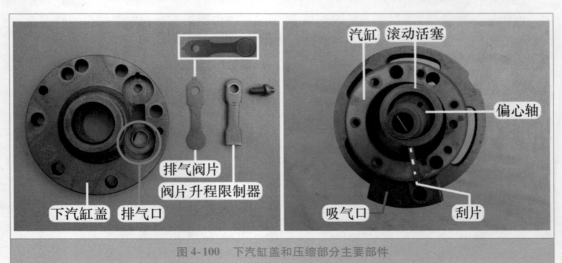

图 4-100　下汽缸盖和压缩部分主要部件

吸气口设在汽缸上面，直接连接储液瓶的底部铜管，和顶部的吸气管相通，相当于压缩机吸入来自蒸发器的制冷剂通过吸气管进入储液瓶分离后，使汽缸吸气口吸入的均为制冷剂气体，防止压缩机出现液击。

（5）压缩部分工作原理

旋转式压缩机压缩部分工作原理见图 4-101 和图 4-102，根据滚动活塞处于不同位置时，汽缸内形成高压腔和低压腔的过程。

第 1 步：低压腔容积最大，吸气口吸入制冷剂气体。

第 2 步：滚动活塞开始压缩汽缸内的制冷剂气体，同时吸气口继续吸气。

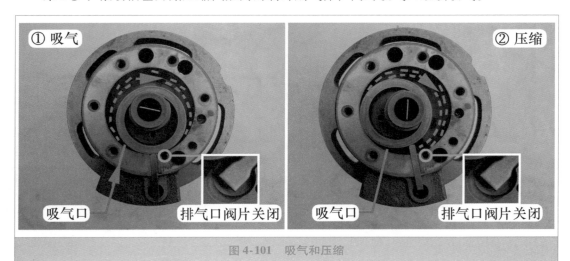

① 吸气　② 压缩

吸气口　排气口阀片关闭　吸气口　排气口阀片关闭

图 4-101　吸气和压缩

第 3 步：低压腔与高压腔的容积相等，同时低压腔继续吸气，高压腔进一步压缩，使气体的压力增大，直到排气阀开启，通过排气口排出高压气体。

第 4 步：低压腔继续吸气，高压腔排气结束。

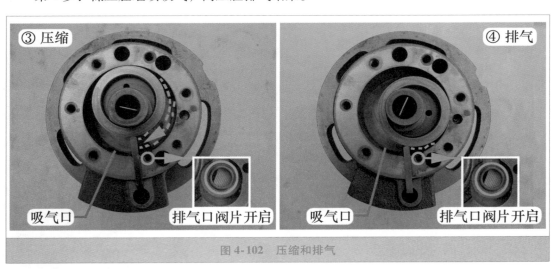

③ 压缩　④ 排气

吸气口　排气口阀片开启　吸气口　排气口阀片开启

图 4-102　压缩和排气

4. 引线判断方法

常见有 3 种方法，即根据压缩机引线实际所接元件、使用万用表电阻档测量线圈引线或接线端子阻值、根据压缩机接线盖或垫片标识。

（1）根据实际接线判断引线功能

压缩机定子上的线圈共有 3 根引线，上盖的接线端子也只有 3 个，因此连接电控系统的引线也只有 3 根。

见图 4-103，黑线只接接线端子上的电源 L 端（2 号），为公共端（C）；蓝线接电容和电源 N 端（1 号），为运行绕组（R）；黄线只接电容，为起动绕组（S）。

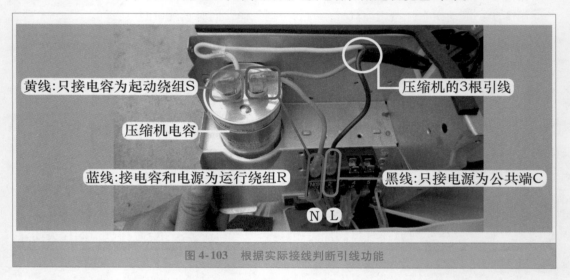

图 4-103　根据实际接线判断引线功能

（2）根据压缩机接线盖或垫片标识判断引线功能

见图 4-104 左图，压缩机接线盖或垫片（使用耐高温材料）上标有"C、R、S"字样，表示为接线端子的功能：C 为公共端、R 为运行绕组、S 为起动绕组。

将接线盖对应接线端子，或将垫片安装在压缩机上盖的固定位置，见图 4-104 右图，观察接线端子：对应标有"C"的端子为公共端、对应标有"R"的端子为运行绕组、对应标有"S"的端子为起动绕组。

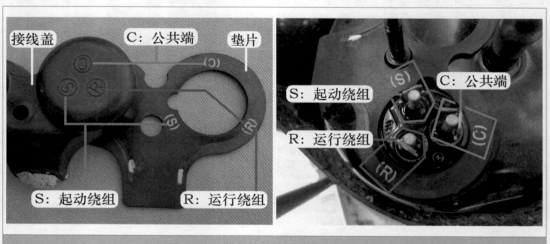

图 4-104　根据接线盖标识判断端子功能

（3）使用万用表电阻档测量线圈端子阻值

逐个测量压缩机的 3 个接线端子阻值，见图 4-105 左图，会得出 3 次不同的结果，上海日立 SD145UV-H6AU 压缩机在室外温度约 15℃ 时，实测阻值依次为 7.3Ω、4.1Ω、3.2Ω，阻值关系为 7.3Ω = 4.1Ω + 3.2Ω，即最大阻值 7.3Ω 为运行绕组 + 起动绕组的阻值总和。

① 找出公共端：见图 4-105 右图，在最大的阻值 7.3Ω 中，表笔接的端子为起动绕组和运行绕组，空闲的 1 个端子为公共端（C）。

➡ 说明：判断接线端子的功能时，实测时应测量引线，而不用再打开接线盖、拔下引线插头去测量接线端子，只有更换压缩机或压缩机连接线，才需要测量接线端子的阻值以确定功能。

图 4-105　3 次线圈阻值和找出公共端

② 找出运行绕组和起动绕组：1 个表笔接公共端（C），另 1 个表笔测量另外 2 个端子阻值，通常阻值小的端子为运行绕组（R）、阻值大的端子为起动绕组（S）。但本机实测阻值大（4.1Ω）的端子为运行绕组（R），见图 4-106 左图；阻值小（3.2Ω）的端子为起动绕组（S），见图 4-106 右图。

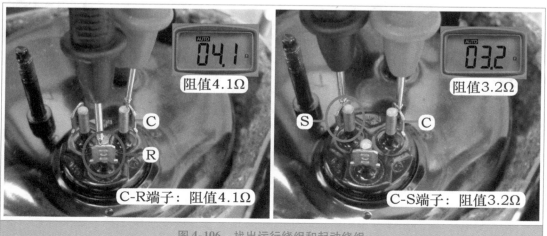

图 4-106　找出运行绕组和起动绕组

第五章

空调器电控系统常见故障的检修流程

第一节　根据故障现象的检修流程

一、　室内机上电无反应故障

1. 将导风板扳到中间位置

见图5-1，拔下空调器电源插头，用手将上下导风板扳到中间位置，再为空调器通上电源，观察导风板状态以区分故障。

空调器正常时导风板应能自动关闭，此时可说明室内机主板直流5V电压正常且CPU工作正常，所表现的上电无反应故障可能为不接收遥控信号故障。

重新上电后导风板位置保持不变，说明空调器有故障，应进入第2检修步骤。

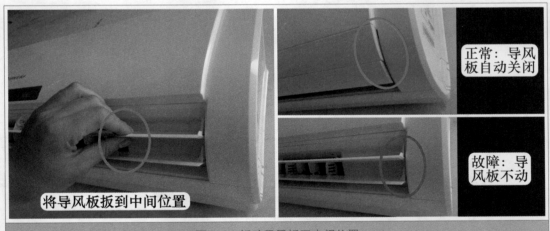

图5-1　扳动导风板至中间位置

2. 测量插座电压

使用万用表交流电压档，见图5-2，测量为空调器供电的电源插座电压。

如实测电压为交流220V，说明供电正常，故障在室内机，进入第3检修步骤。

如实测电压为交流0V，说明空调器供电线路有故障，应检查电源插座或断路器（俗称空气开关）处电压等。

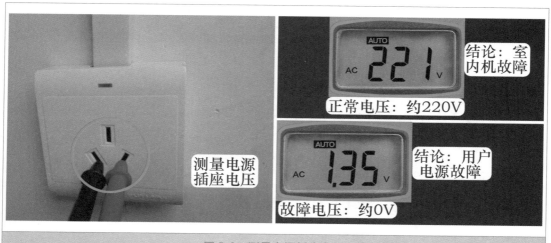

图 5-2 测量电源插座电压

3. 测量电源插头阻值

使用万用表电阻档，见图 5-3，测量电源插头 L-N 阻值以区分故障。

如实测阻值为变压器一次绕组阻值约 500Ω，说明变压器一次绕组回路正常，应进入第 6 检修步骤。

如实测阻值为无穷大，说明变压器一次绕组回路有开路故障，应进入第 4 检修步骤，重点检查变压器一次绕组、熔丝管（俗称保险管）等。

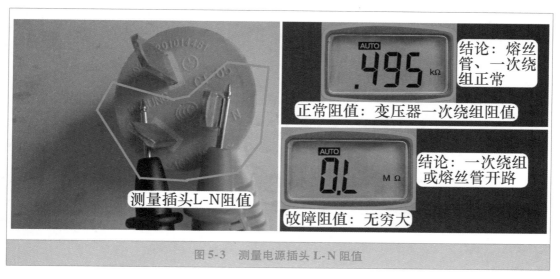

图 5-3 测量电源插头 L-N 阻值

4. 测量熔丝管阻值

断开空调器电源，使用万用表电阻档，见图 5-4，测量熔丝管阻值。

如实测阻值为 0Ω，说明熔丝管正常，应进入第 5 检修步骤。

如实测阻值为无穷大，说明熔丝管开路损坏，检查损坏原因后更换熔丝管。

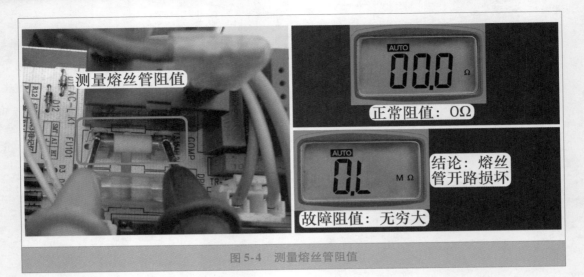

图 5-4　测量熔丝管阻值

5. 测量变压器一次绕组阻值

使用万用表电阻档，见图 5-5，测量变压器一次绕组阻值。

如实测阻值约 500Ω，说明变压器一次绕组正常，应检查故障是否由于一次绕组插头与插座接触不良引起。

如实测阻值为无穷大，说明一次绕组开路损坏，应更换变压器。

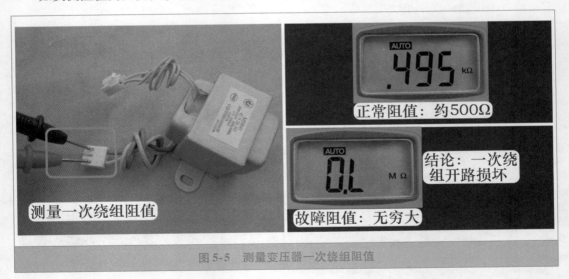

图 5-5　测量变压器一次绕组阻值

6. 测量 7805 输出端 5V 电压

将空调器通上电源，使用万用表直流电压档，见图 5-6，黑表笔接 7805 的②脚地、红表笔接③脚输出端测量电压。

如实测电压为直流 5V，说明电源电路正常，故障可能为 CPU 死机或其他弱电电路损坏，检查故障原因或更换室内机主板试机。

如实测电压为直流 0V，说明电源电路有故障，应进入第 7 检修步骤。

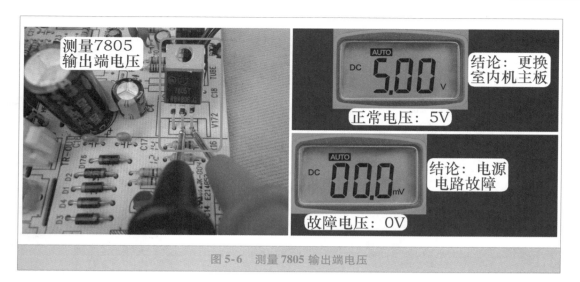

图 5-6　测量 7805 输出端电压

7. 测量 7805 输入端 12V 电压

依旧使用万用表直流电压档，见图 5-7，黑表笔不动依旧接地、红表笔接 7805 的①脚输入端测量电压。

如实测电压约为直流 14V，排除 5V 负载短路故障后，直流 5V 电压为 0V 的原因是 7805 损坏，应更换 7805。

如实测电压为直流 0V，说明变压器二次绕组整流滤波电路有故障，应进入第 8 检修步骤。

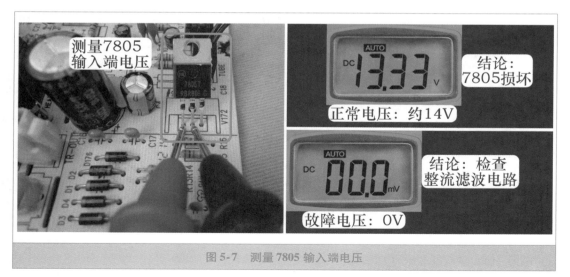

图 5-7　测量 7805 输入端电压

8. 测量变压器二次绕组插座电压

使用万用表交流电压档，见图 5-8，测量变压器二次绕组插座电压。

如实测电压约交流 12V，说明为整流滤波电路故障，排除直流 12V 负载短路故障后，为整流二极管或滤波电容损坏，可更换元器件或室内机主板。

如实测电压为交流0V，排除整流二极管短路故障后，应进入第9检修步骤。

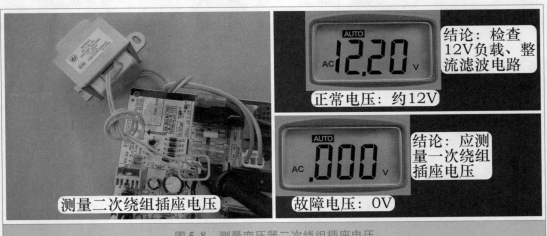

图 5-8　测量变压器二次绕组插座电压

9. 测量变压器一次绕组插座电压

使用万用表交流电压档，见图5-9，测量一次绕组插座电压，实测电压应为交流220V（前提是电源电压和测量插头L-N阻值均正常），可说明变压器损坏，应更换变压器。

如果实测电压为交流0V，说明电源强电通路有故障。

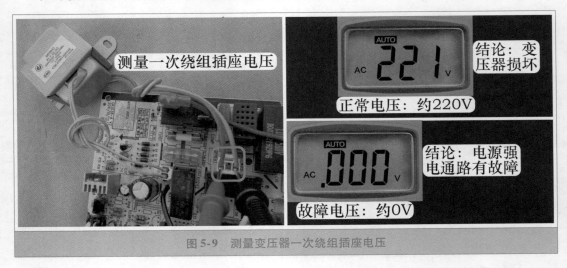

图 5-9　测量变压器一次绕组插座电压

二、　不接收遥控信号故障

1. 按压"应急开关"按键试机

见图5-10左图，掀开室内机进风格栅，使用万用表表笔按压应急开关按键，蜂鸣器响一声后导风板打开，空调器制冷正常，说明室内机主板基本工作正常，故障在接收器电路或空调器附近有干扰源，应进入第2检修步骤。

2. 检查干扰源

见图 5-10 右图，检查房间内有无干扰源（如荧光灯、红外线、护眼灯等），如有则排除干扰源，如果房间内无干扰源则检查遥控器，应进入第 3 检修步骤。

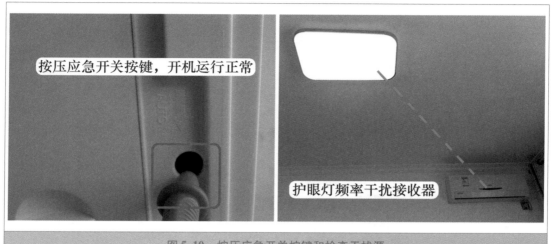

图 5-10 按压应急开关按键和检查干扰源

3. 检查遥控器

首先使用手机的摄像功能检查遥控器，见图 4-8。在按压按键时，如果在手机屏幕上能看到遥控器的发射二极管发光，说明遥控器正常，应进入第 4 检修步骤；如果在手机屏幕上查看遥控器的发射二极管一直不发光，说明遥控器损坏，应更换遥控器。

4. 检查接收器

接收器在接收到遥控信号（动态）时，信号引脚（输出端）由静态电压会瞬间下降至约直流 3V，然后再迅速上升至静态电压。遥控器发射信号时间约 1s，接收器接收到遥控信号时输出端电压也有约 1s 的时间瞬间下降。

使用万用表直流电压档，见图 4-16，动态测量接收器信号引脚电压，黑表笔接地引脚（GND）、红表笔接信号引脚（OUT），检测的前提是电源引脚（5V）电压正常。

实测电压符合图 4-16 的电压跳变过程，说明接收器正常，故障为主板接收器电路损坏或显示板和主板连接插座接触不良，如检查连接插座接触良好，应更换室内机主板。

实测电压不符合图 4-16 的电压跳变过程，说明接收器损坏，应更换接收器，按照第 5 检修步骤进行更换或第 6 检修步骤进行代换。

5. 接收器常见故障和代换方法

（1）常见故障维修方法

出现不能接收遥控信号故障，在维修中占到很大比例，为空调器通病，故障一般在使用 3 年左右出现，原因为某些型号的接收器使用铁皮固定，见图 5-11 左图，并且引脚较长，天气潮湿时，接收器受潮，3 个引脚发生氧化锈蚀，使接收导电能力变差，导致不能接收遥控信号故障。

实际上门维修时，如果用螺钉旋具（俗称螺丝刀）手柄轻轻敲击接收器表面或用电烙铁加热接收器引脚，均能使故障暂时排除，但不久还会再次出现相同故障，根本解决方法是更换接收器，并且在引脚上面涂上一层绝缘胶，使引脚不与空气接触。见图 5-11右图，目前新出厂空调器的接收器引脚已涂上绝缘胶。

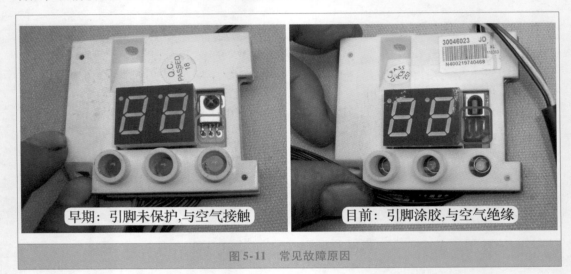

图 5-11　常见故障原因

（2）更换原装接收器

如果接收器损坏，直接更换相同型号的接收器即可；如果没有相同型号的接收器，需要使用市售的接收器更换，方法如下。

见图 5-12 左图，格力早期空调器如 KFR-26GW/A103 Ad 型（蜂蜜）系列空调器，显示板组件上接收器引脚设有 2 组插孔，以对应不同型号的接收器。

见图 5-12 中图，上方插孔功能顺序依次为信号、地、电源，对应安装型号为 38B 或市售 1838 的接收器。

见图 5-12 右图，下方插孔功能顺序依次为信号、电源、地，对应安装型号为 38S 的接收器。

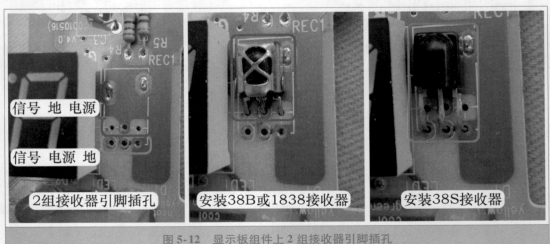

图 5-12　显示板组件上 2 组接收器引脚插孔

6. 代换市售接收器方法

38B 和 38S 接收器的作用都是将遥控器信号处理后送至 CPU，在实际维修过程中，如果检查接收器损坏而无相同配件更换时，可以使用另外的型号代换，2 种接收器功能引脚顺序不同，在代换时要更改顺序，方法如下。

① 使用 38S 接收器的显示板组件用 1838 代换：将 1838 接收器引脚掰弯，按功能顺序焊入显示板组件，代换过程见图 5-13，注意不要将引脚相连导致短路故障。

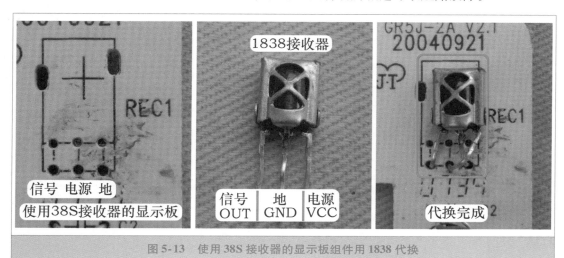

图 5-13　使用 38S 接收器的显示板组件用 1838 代换

② 使用 38B 接收器的显示板组件用 0038 代换：将 0038 接收器引脚掰弯，按功能顺序焊入显示板组件，代换过程见图 5-14，注意不要将引脚相连导致短路故障。

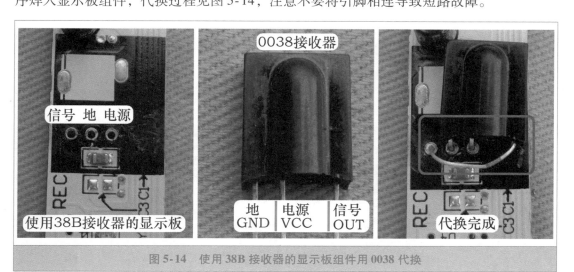

图 5-14　使用 38B 接收器的显示板组件用 0038 代换

三、 制冷开机，室内风机不运行故障

1. 待机状态拨动贯流风扇

将手从出风口伸入，拨动贯流风扇，见图 5-15，检查贯流风扇是否被卡住或阻力过大。

➡ 正常：转动灵活无阻力，说明贯流风扇未被卡住且室内风机轴承正常，应进入第2检修步骤。

➡ 故障：转不动，即卡死，找出卡住贯流风扇的原因并排除。如果转动时不灵活，有明显的阻力，说明室内风机轴承缺油使得阻力过大，导致室内风机起动不起来，应更换轴承或室内风机。

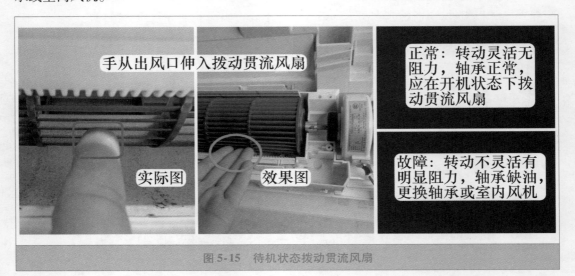

图 5-15　待机状态拨动贯流风扇

2. 开机状态下拨动贯流风扇

使用遥控器制冷模式开机，见图5-16，将手从出风口伸入，并拨动贯流风扇，观察贯流风扇的状态。

如果拨动贯流风扇后，室内风机驱动贯流风扇运行，说明室内风机由于起动力矩小导致起动不起来，常见原因为室内风机电容容量小或无容量、室内风机线圈中起动绕组开路，此时应更换室内风机电容或室内机主板试机（室内风机电容安装在室内机主板）。

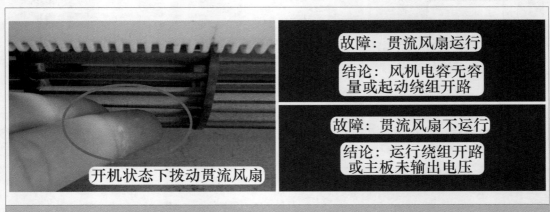

图 5-16　开机状态拨动贯流风扇

如果拨动贯流风扇后，室内风机依旧不能驱动贯流风扇运行，常见原因为室内风机线圈中运行绕组开路或室内机主板未输出供电电压，应进入第 3 检修步骤。

3. 测量室内风机线圈阻值

拔下室内风机的线圈供电插头，使用万用表电阻档，见图 5-17，分 3 次测量 3 根引线阻值。

如果实测阻值符合 $R_{RS} = R_{CR} + R_{CS}$，说明室内风机线圈阻值正常，应进入第 4 检修步骤。

如果实测阻值时 3 次测量有任意 1 次为无穷大，即可判断室内风机线圈开路，应更换室内风机。

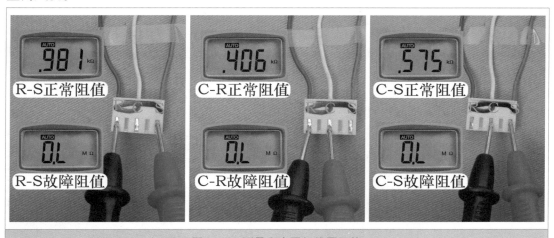

图 5-17　测量室内风机线圈阻值

4. 测量室内风机线圈电压

将室内风机线圈供电插头插入室内机主板，使用万用表交流电压档，见图 5-18，测量室内风机公共端 C 和运行绕组 R 的引线电压。

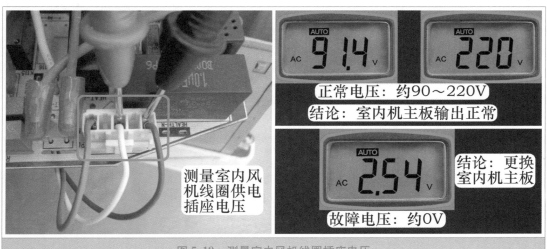

图 5-18　测量室内风机线圈插座电压

正常电压约为交流 90~220V，说明室内机主板输出正常，在室内风机线圈阻值正常且待机状态拨动贯流风扇无阻力的前提下，可确定为室内风机电容损坏。

故障电压约为交流 0V，说明室内机主板上风机驱动电路未输出交流电压，应更换室内机主板。

➡ 说明：测量室内风机线圈供电插头的交流电压时，应当将线圈供电插头插在室内机主板插座上再测量，如果线圈供电插头未插入主板插座，测量主板插座电压为错误电压值，即无论开机状态或关机状态均为交流 220V。

四、 制热开机，室内风机不运行故障

1. 转换制冷模式试机

见图 5-19，转换遥控器至制冷模式开机，从出风口查看贯流风扇是否运行。

如果贯流风扇运行，说明室内风机不运行故障由于制热防冷风限制，应当转换至制热模式，检查蒸发器温度和系统压力，进入第 2 检修步骤。

如果贯流风扇仍不运行，说明室内风机驱动电路或室内风机有故障，参照本节"三、制冷开机，室内风机不运行故障"中的步骤检修。

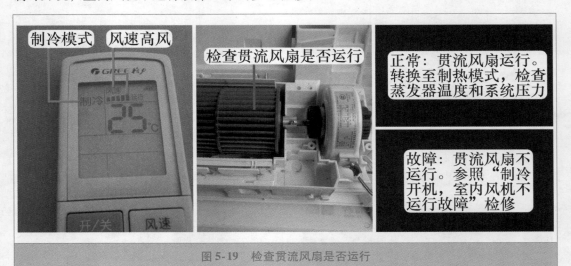

图 5-19　检查贯流风扇是否运行

2. 检查制热效果

见图 5-20，在室外机三通阀检修口接上压力表测量系统压力，运行一段时间后检查系统压力和蒸发器温度。

如果实测系统压力和手摸蒸发器的温度均较高，说明空调器制热效果正常，应进入第 3 检修步骤，检查管温传感器阻值。

如果手摸蒸发器温度不热、系统压力较低，说明空调器制热效果较差，室内机主板进入正常的制热防冷风保护，控制室内风机不运行。应查明制热效果差的原因并排除，常见为系统缺氟。

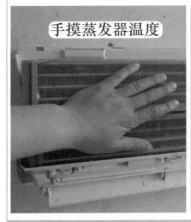
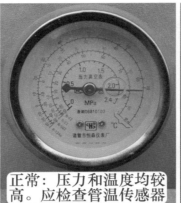
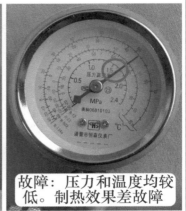

手摸蒸发器温度

正常：压力和温度均较高。应检查管温传感器

故障：压力和温度均较低。制热效果差故障

图 5-20　检查制热效果

3. 测量管温传感器阻值

拔下管温传感器的引线插头，并将探头从蒸发器的检测孔抽出，以防止蒸发器温度传递到探头，影响测量结果。使用万用表电阻档，见图 5-21，测量管温传感器阻值。

如果实测阻值接近传感器型号测量温度的对应阻值，说明管温传感器正常，可更换室内机主板试机。

如果实测阻值大于测量温度对应的阻值，说明管温传感器阻值变大损坏，应更换管温传感器试机。

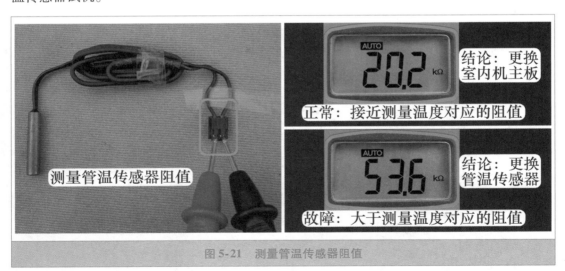

测量管温传感器阻值

20.2 kΩ

结论：更换室内机主板

正常：接近测量温度对应的阻值

53.6 kΩ

结论：更换管温传感器

故障：大于测量温度对应的阻值

图 5-21　测量管温传感器阻值

五、　制冷开机，压缩机和室外风机不运行故障

1. 检查遥控器设置

见图 5-22，首先检查遥控器设置的模式和温度。

如果遥控器设定在制冷模式，并且设定温度低于房间温度，说明遥控器设置正确，应进入第 2 检修步骤。

如果遥控器设定在制热模式，或者设定温度高于房间温度，均可能会导致制冷开机时压缩机和室外风机不运行的故障，应重新设定遥控器。

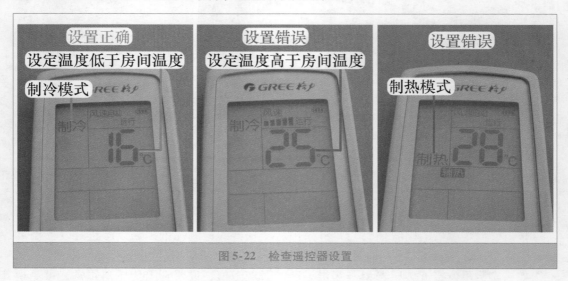

图 5-22　检查遥控器设置

2. 测量室外机接线端子上的压缩机和室外风机电压

遥控器开机后，使用万用表交流电压档，见图 5-23，测量室外机接线端子上的压缩机电压（N 与压缩机引线）和室外风机电压（N 与室外风机引线）。

如果实测电压为交流 220V，说明室内机主板已输出电压至室外机接线端子，应检查压缩机线圈阻值和室外风机线圈阻值。

如果实测电压为交流 0V，说明室内机主板未输出电压或室内外机连接线有故障，应进入第 3 检修步骤。

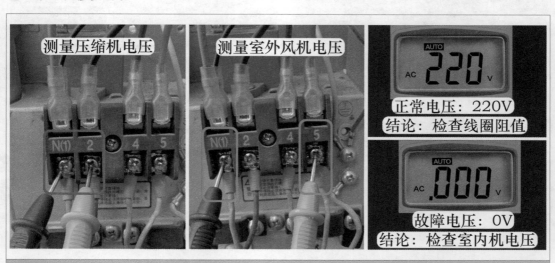

图 5-23　测量室外机接线端子压缩机和室外风机电压

3. 测量室内机接线端子上的压缩机和室外风机电压

取下室内机外壳，使用万用表交流电压档，见图5-24，1个表笔接室内机主板上的N端引线，另1个表笔分别接压缩机引线和室外风机引线测量电压。

如果实测电压均为交流220V，说明室内机主板已输出电压，故障为室内外机连接线断路或室内外机接线错误，查明故障原因并排除。

如果实测电压均为交流0V，说明室内机主板未输出电压，应进入第4检修步骤，即测量环温和管温传感器阻值。

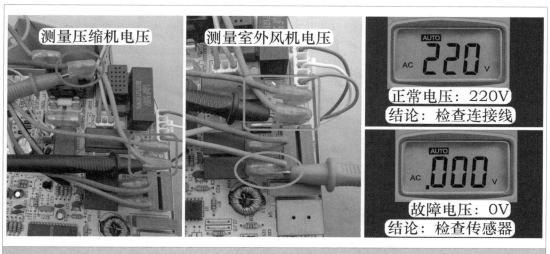

图5-24　测量室内机主板压缩机和室外风机电压

4. 测量环温和管温传感器阻值

取下环温和管温传感器的引线插头，见图5-25，使用万用表电阻档测量阻值。

如果实测环温和管温传感器的阻值均接近测量温度对应的阻值，说明环温和管温传感器均正常，应当更换室内机主板试机。

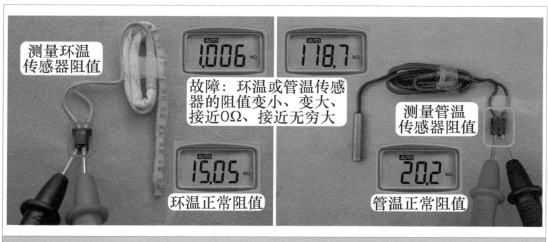

图5-25　测量环温和管温传感器阻值

如果实测环温传感器阻值变大、变小、阻值接近 0Ω、阻值接近无穷大，说明环温传感器损坏，应更换环温传感器。

如果实测管温传感器阻值变大、变小、阻值接近 0Ω、阻值接近无穷大，说明管温传感器损坏，应更换管温传感器。

六、 室外风机运行，压缩机不运行故障

1. 测量压缩机电压

遥控器开机，使用万用表交流电压档，见图 5-26，1 个表笔接室外机接线端子上的 N 端零线、1 个表笔接压缩机引线测量电压。

如果实测电压为交流 198V 以上，说明用户电源正常，应进入第 2 检修步骤，即测量压缩机电流。

如果实测电压低于交流 198V 以下较多，为用户电源故障，应当让用户找电工维修线路或加装大功率稳压器。

如果实测电压为交流 0V，说明室内机主板未输出电压或输出的电压未送至室外机接线端子，应检查室内外机连接线、室内机主板、管温传感器等，找到故障原因并排除。

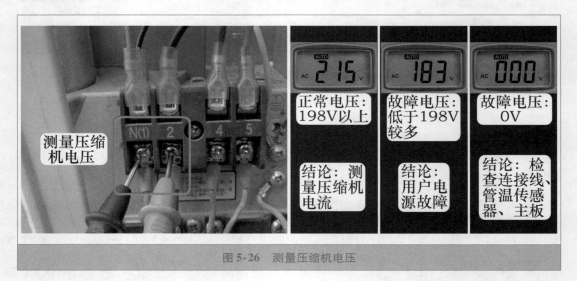

图 5-26　测量压缩机电压

2. 测量压缩机电流

使用万用表交流电流档，见图 5-27，钳头夹住压缩机引线测量电流。

如果实测电流为交流 0A，说明压缩机未通电工作，应进入第 3 检修步骤，检查压缩机线圈阻值。

如果实测电流大于额定值 4 倍，说明压缩机起动不起来，常见原因为压缩机电容无容量损坏或压缩机卡缸，见图 5-68 和图 5-69。

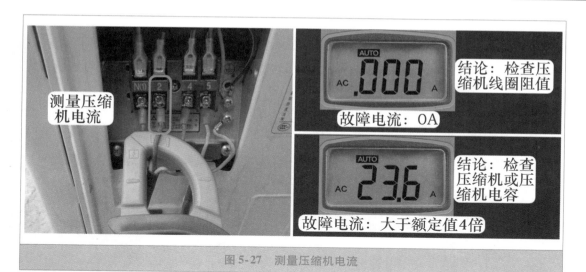

图 5-27　测量压缩机电流

3. 测量压缩机连接线阻值

断开空调器电源，拔下压缩机线圈的 3 根引线，使用万用表电阻档，见图 5-28，分 3 次测量 3 根引线阻值。

如果实测阻值符合 $R_{RS} = R_{CR} + R_{CS}$，说明压缩机线圈阻值正常，故障可能为压缩机连接线与室外机接线端子或电容端子接触不良，查找接触不良部位并排除。

如果实测阻值时 3 次测量中有任意 1 次为无穷大，即可初步判断压缩机线圈开路，应进入第 4 检修步骤，测量压缩机接线端子阻值以区分故障部位。

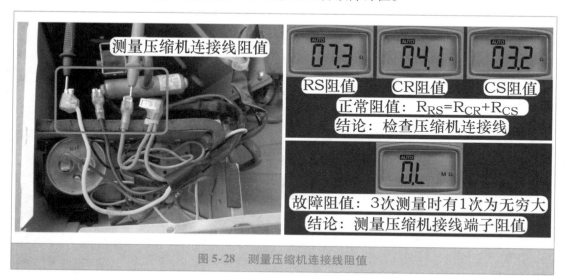

图 5-28　测量压缩机连接线阻值

4. 测量压缩机接线端子阻值

由于压缩机工作时电流较大、外壳温度较高，因此压缩机连接线或接线端子也经常出现故障。

图 5-29 左图为正常压缩机连接线和压缩机接线端子，连接线安装到接线端子后可正常连接。

图 5-29 中图为损坏的压缩机连接线，连接线上的端子已经断开，因此连接线不能连接压缩机端子。

图 5-29 右图为损坏的压缩机接线端子，其已经和压缩机断开，或者压缩机接线端子严重锈蚀，连接线均不能连接压缩机端子。

由图 5-29 中图和右图可知，在测量压缩机引线阻值为无穷大时，为准确判断压缩机线圈是否开路，应当直接测量接线端子来加以判断。

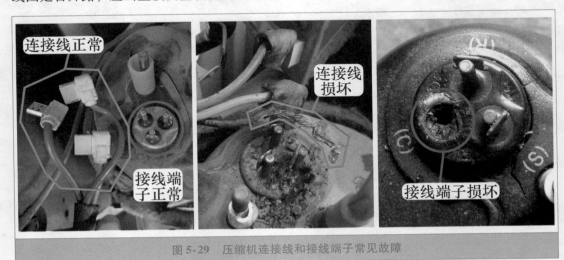

图 5-29 压缩机连接线和接线端子常见故障

取下压缩机 3 个接线端子的连接线后，使用万用表电阻档，见图 5-30，分 3 次测量 3 个接线端子阻值。

如果实测阻值符合 $R_{RS} = R_{CR} + R_{CS}$，说明压缩机线圈阻值正常，故障可能为压缩机连接线与压缩机接线端子接触不良，查找接触不良部位并排除。

如果实测阻值时 3 次测量中有任意 1 次为无穷大，即可确定压缩机线圈开路，应更换压缩机。

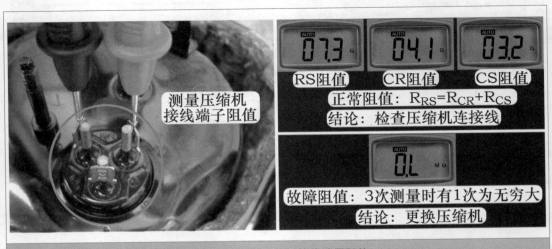

图 5-30 测量压缩机接线端子阻值

七、　室外风机转速慢故障

1. 拨动室外风扇

见图 5-31，在待机状态下用手拨动室外风扇，检查是否阻力过大。

正常：转动灵活无阻力，说明室外风扇未被卡住且室外风机内轴承正常，应进入第 2 检修步骤。

故障：如果转动时不灵活有明显的阻力，说明室外风机轴承缺油使得阻力过大，导致室外风机转速慢，应更换轴承或室外风机。

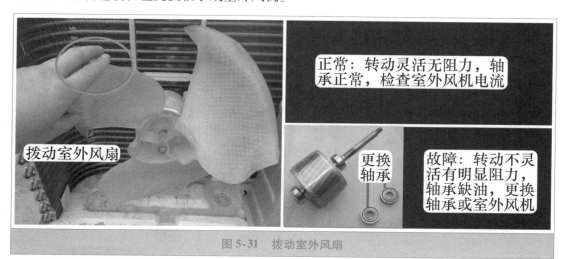

图 5-31　拨动室外风扇

2. 测量室外风机电流

遥控器开机，使用万用表交流电压档，见图 5-32，钳头夹住室外风机引线，测量室外风机电流。

如果实测电流接近额定值，说明室外风机线圈阻值正常，故障为室外风机电容容量变小引起，可更换室外风机电容试机（见图 5-71）。

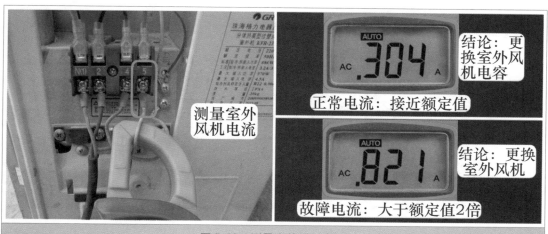

图 5-32　测量室外风机电流

如果实测电流大于额定值2倍，通常为室外风机线圈短路，引起室外风机转速慢，可更换室外风机试机。

八、 压缩机运行，室外风机不运行故障

1. 检查室外风扇有无被异物卡住

取下室外机顶盖或前盖，首先查看室外风扇有无被异物卡住。

见图5-33左图，查看室外风扇未被异物卡住，应进入第2检修步骤，检查室外风机电压。

见图5-33右图，查看有鸟窝卡死室外风扇、或树藤缠住室外风扇，导致卡死室外风扇，维修时应清除异物，使室外风扇运转顺畅。

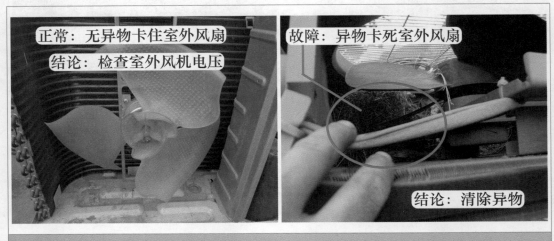

图5-33　检查室外风扇是否被异物卡住

2. 测量室外风机电压

遥控器开机，使用万用表交流电压档，见图5-34，1个表笔接室外机接线端子N端、

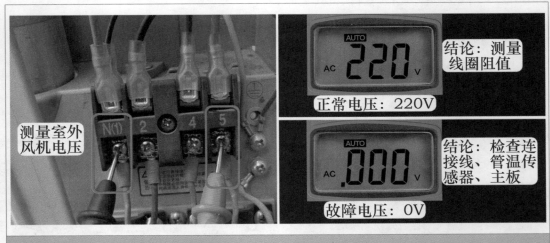

图5-34　测量室外风机电压

1 个表笔接室外风机引线，测量电压。

如果实测电压为交流 220V，说明室内机主板已输出电压至室外机，应进入第 3 检修步骤，测量室外风机线圈阻值。

如果实测电压为交流 0V，说明室内机主板未输出电压或输出的电压未传送至室外机，应当测量室内机主板上室外风机接线端子电压以区分故障，可参考图 5-24 和图 5-25 中的检修流程。

3. 测量室外风机线圈阻值

断开空调器电源，拔下室外风机线圈的 3 根引线，使用万用表电阻档，见图 5-35，分 3 次测量 3 根引线阻值。

如果实测阻值符合 $R_{RS} = R_{CR} + R_{CS}$，说明室外风机线圈阻值正常，故障可能为室外风机电容无容量损坏，应更换室外风机电容试机。

如果实测阻值时 3 次测量中有任意 1 次为无穷大，即可判断室外风机线圈开路，应更换室外风机。

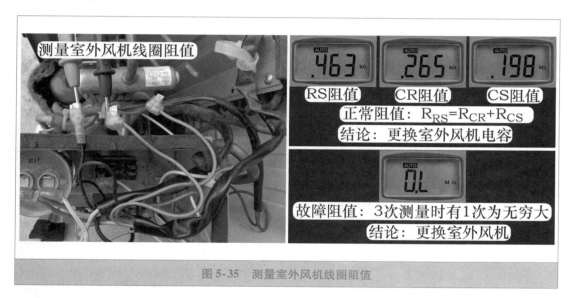

图 5-35 测量室外风机线圈阻值

九、 制冷开机，运行一段时间停止向室外机供电故障

1. 查看遥控器设定温度和房间温度

见图 5-36，查看室外机停机时的房间温度，以及遥控器的设定温度。

如果房间温度低于设定温度，为空调器正常停机，向用户解释说明即可。

如果房间温度高于设定温度，说明空调器有故障。应根据运行时间长短来区分故障，如果运行约 1min 便停机保护，应进入第 2 检修步骤，检查室内风机的霍尔反馈插座电压。如果运行较长的时间才停机，应进入第 3 检修步骤，根据压力和电流检查制冷效果。

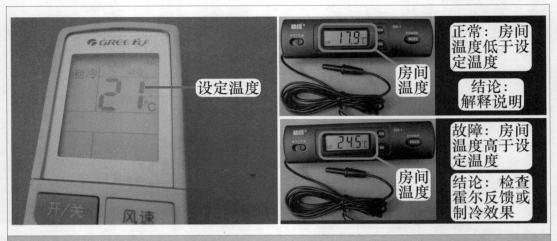

图 5-36　检查遥控器设定温度和房间温度

2. 检查室内风机霍尔反馈插座电压

参见本章第二节中"四、风机速度失控"内容。

3. 检查制冷效果

见图 5-37，在三通阀检修口接上压力表测量系统压力，使用万用表交流电流档测量压缩机电流，将温度表探头放在室内机出风口检测出风口温度，综合判断空调器的制冷效果。

如果运行时系统压力为 0.45MPa、电流接近额定值、室内机出风口温度较低，说明空调器制冷效果正常，应进入第 4 检修步骤，检查环温和管温传感器。

如果运行时系统压力和电流与额定值相差较大、室内机出风口温度较高，说明空调器制冷效果差，室内机主板进入"缺氟保护"或类似的保护程序，导致运行一段时间后室外机停机，应检查制冷效果差的故障原因并排除。

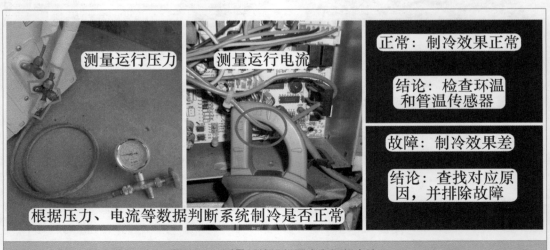

图 5-37　测量系统运行压力和运行电流

4. 测量环温和管温传感器阻值

见图 5-25，使用万用表电阻档测量环温和管温传感器阻值，如均正常则更换室内机主板试机，如检查环温传感器或管温传感器损坏，则更换损坏的传感器。

十、 不制热或制热效果差、压缩机和室外风机均运行故障

1. 检查遥控器设置

见图 5-38，检查遥控器设置的模式和温度。

如果遥控器设定在制热模式，并且设定温度高于房间温度，说明遥控器设置正确，进入第 2 检修步骤。

如果遥控器设定在制冷模式，或者房间温度高于设定温度，均可能会导致空调器不制热的故障，应重新设定遥控器。

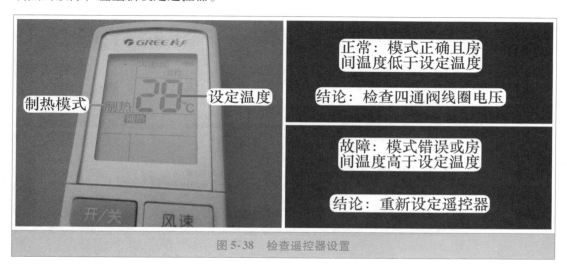

图 5-38　检查遥控器设置

2. 手摸三通阀和二通阀温度

用手摸三通阀和二通阀，见图 5-39，以温度区分故障，通常有 3 种结果。

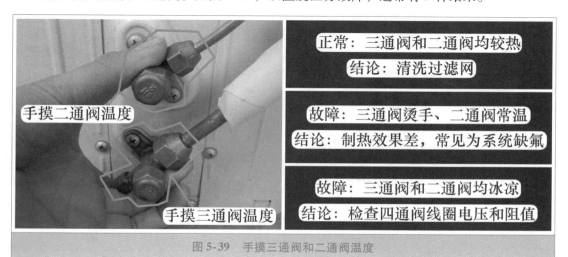

图 5-39　手摸三通阀和二通阀温度

如果三通阀和二通阀均较热，说明空调器制热效果正常，故障可能为室内机过滤网脏堵，应清洗过滤网。

如果手摸三通阀烫手、二通阀为常温，通常为制热效果差，常见原因为系统缺氟。

如果手摸三通阀和二通阀均冰凉，说明系统工作在制冷状态，应进入第3检修步骤，测量四通阀线圈电压。

3. 测量四通阀线圈电压

使用万用表交流电压档，见图5-40，1个表笔接室外机接线端子上的N端、1个表笔接四通阀线圈引线，测量电压。

如果实测电压为交流220V，说明室内机主板已输出电压至室外机，应进入第4检修步骤，测量四通阀线圈阻值。

如果实测电压为交流0V，说明室内机主板未输出电压或输出电压未送至室外机，应检查室内机主板、室内外机连接线。

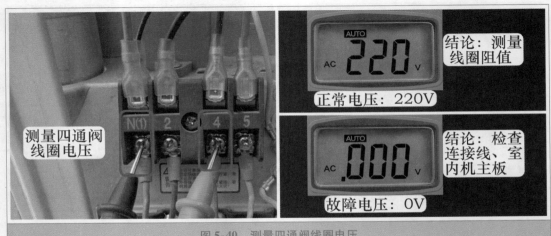

图 5-40 测量四通阀线圈电压

4. 测量四通阀线圈阻值

断开空调器电源，使用万用表电阻档，见图5-41左图，1个表笔接室外机接线端子

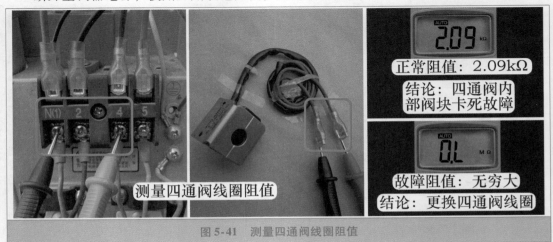

图 5-41 测量四通阀线圈阻值

上 N 端、1 个表笔接四通阀线圈引线，测量阻值，此时相当于直接测量四通阀线圈引线（见图 5-41 中图）。

如果实测阻值约为 $2k\Omega$，说明四通阀线圈正常，故障原因为四通阀内部的阀块卡死，位于制冷模式位置，在四通阀线圈通电后不能移动至制热模式位置，应更换四通阀。

如果实测阻值为无穷大，说明四通阀线圈开路，应更换四通阀线圈。

十一、 跳闸故障

断路器（俗称空气开关）跳闸根据时间分 3 种：上电跳闸、开机跳闸、运行一段时间跳闸，根据不同时间段有不同的维修方法。

1. 上电跳闸

（1）测量电源插头 N 与地阻值

使用万用表电阻档，见图 5-42，测量空调器电源插头 N 与地阻值。

如果实测阻值为无穷大，初步判断空调器正常，即无漏电故障。为准确判断，还应使用绝缘电阻表（俗称摇表）来确定。

如果实测阻值接近 0Ω，说明空调器有漏电故障，应进入第（2）检修步骤。

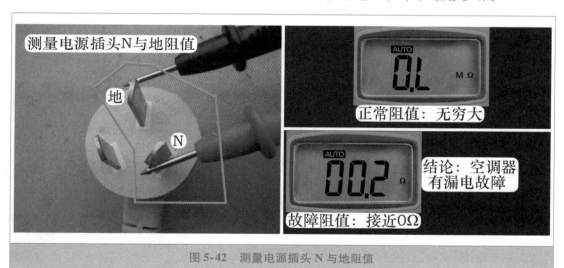

图 5-42 测量电源插头 N 与地阻值

（2）取下室外机连接线测量室外机 N 端与地阻值

由于漏电故障通常发生在室外机，断开室外机接线端子上的室内外机连接线，见图 5-43，使用万用表电阻档测量接线端子 N 和地阻值。

如果实测阻值为无穷大，说明室外机无漏电故障，应检查室内机或室内外机连接线，进入第（5）检修步骤。

如果实测阻值接近 0Ω，说明漏电故障在室外机，应进入第（3）检修步骤。

➡ 说明：跳闸故障中，室内机漏电故障比例较低。室内外机连接线中地线直接固定在电控盒铁皮，因此与铁皮相通的部位（铜管、冷凝器）均为地线测试点。

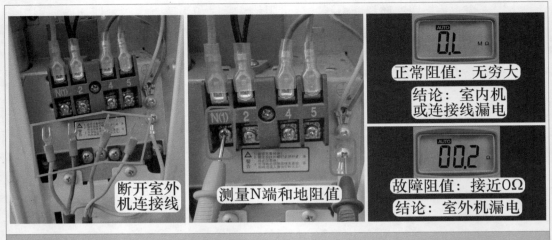

图 5-43　测量室外机接线端子 N 与地阻值

（3）测量压缩机连接线与地阻值

由于室外机漏电故障通常为压缩机，因此拔下压缩机线圈的 3 根引线，见图 5-44，使用万用表电阻档测量线圈引线与地阻值。

如果实测阻值为无穷大，说明压缩机线圈对地阻值正常，漏电故障部位可能为室外风机线圈。

如果实测阻值接近 0Ω，说明压缩机有漏电故障，应进入第（4）检修步骤。

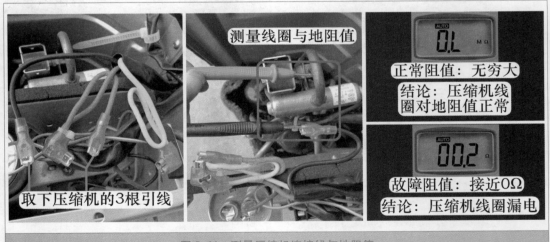

图 5-44　测量压缩机连接线与地阻值

（4）测量压缩机接线端子与地阻值

由于压缩机接线端子的连接线绝缘层熔化与外壳短路，也会出现测量压缩机引线与地阻值时接近 0Ω 的现象，因此为准确判断故障部位，取下压缩机的接线盖，使用万用表电阻档，见图 5-45，直接测量压缩机接线端子与地阻值。

如果实测阻值为无穷大，可确定为压缩机线圈对地阻值正常，此时应检查压缩机接线端子的连接线。

如果实测阻值仍接近0Ω，可确定压缩机线圈对地漏电，应更换压缩机。

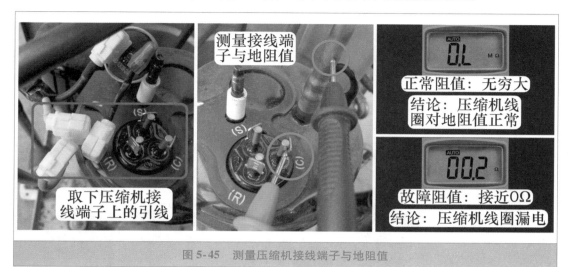

图5-45 测量压缩机接线端子与地阻值

（5）室内外机连接线测量方法

见图5-46左图，空调器使用一段时间以后，原机的室内外机连接线或加长的室内外机连接线绝缘层破损脱落，露出内部铜钱，引起绝缘下降，出现上电跳闸或开机跳闸的故障。

见图5-46右图，原机连接线和加长连接线的接头如果处理不好，空调器工作时因电流较大，接头发热熔化防水胶布，接头之间短路打火，也会出现上电跳闸或开机跳闸的故障。

因此，室内外机连接线也是引起跳闸故障的1个常见原因。

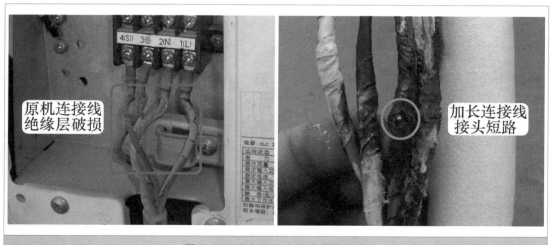

图5-46 室内外机连接线常见故障

测量室内外机连接线时，见图5-47，应在室内机接线端子或主板上断开室内外机连接线并彼此分开，在室外机接线端子上断开连接线并彼此分开，使用万用表电阻档，逐个测量室外机或室内机的连接线之间阻值。普通冷暖挂式空调器通常为 5 根连接线，需要测量 10 次；普通单冷挂式空调器通常为 3 根引线，需要测量 3 次。

① 如果实测时阻值均为无穷大，说明室内外机连接线正常。

② 如果实测时阻值只要有 1 次为 2MΩ 以下，说明室内外机连接线漏电（或称为绝缘不良），可暂时使用，但最好还是需要更换。

③ 如果实测时阻值只要有 1 次接近 0Ω，说明室内外机连接线短路，应更换室内外机连接线。

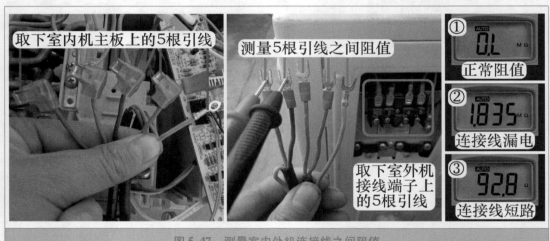

图 5-47　测量室内外机连接线之间阻值

2. 开机跳闸

使用万用表交流电流档，见图 5-48，钳头夹住室外机接线端子上的 N 端引线，测量电流。

如果实测电流大于额定值的 4 倍，并超过断路器额定容量，通常为压缩机起动不起来，常见原因为压缩机电容无容量或压缩机卡缸。

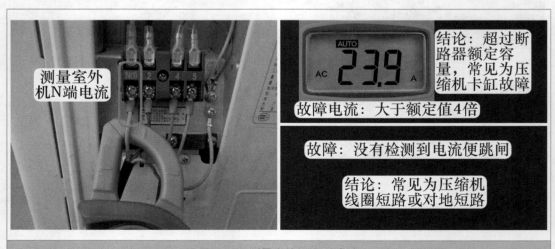

图 5-48　测量室外机 N 端电流

如果还没有检测到电流时断路器便跳闸，常见原因为压缩机线圈对地短路，此时可将压缩机接线端子上的引线取下，做好绝缘再次上电试机，断路器不再跳闸，则说明压缩机线圈对地短路损坏，应更换压缩机。

3. 运行一段时间后跳闸

使用万用表交流电流档，见图 5-49 左图，钳头夹住空调器电源引线中的 N 线，测量整机电流。

如果空调器运行电流在额定值以内，但已超过断路器额定容量，见图 5-49 右图上部，说明空调器正常，原因为断路器选配不合适，应更换额定容量较大的断路器。此种情况通常发生在 2P 或 3P 单相供电的柜式空调器，使用制热模式并同时开启辅助电加热功能，运行电流较大导致。

如果空调器运行电流在额定值以内，也低于断路器额定容量，但手摸断路器侧面发热，见图 5-49 右图下部，原因为断路器损坏，应更换断路器。

如果空调器运行电流超过额定值，也超过断路器额定容量，为空调器故障，查明原因并排除。

➡ 说明：制热模式的总电流 = 系统电流（主要为压缩机电流）+ 辅助电加热电流。美的型号为 KFR-50LW/DY-GA（E5）的 2P 柜式空调器，制热时总功率 = 制热额定功率 1780W + 辅助电加热功率 1500W = 3280W，总电流为 15.7A；格力型号为 KFR-72LW/（72566）Aa-3 的 3P 柜式空调器，制热时总功率 = 制热额定功率 2490W + 辅助电加热功率 2500W = 4990W，总电流为 22.7A。

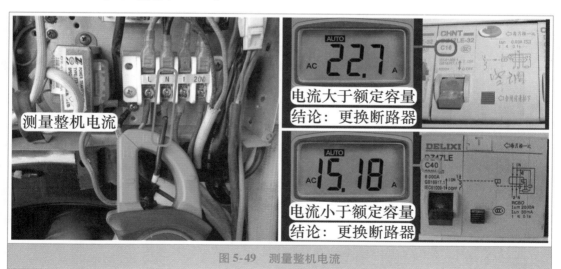

图 5-49　测量整机电流

第二节　根据故障代码的检修流程

故障代码显示方式见图 5-50。

① 只设有显示屏的空调器（常见于早期柜式空调器），将直接显示故障代码。例如，

格力空调器中制冷系统高压保护将直接显示 E1。

② 只设有指示灯的空调器（常见于早期挂式空调器），故障代码以指示灯的闪烁次数（或亮、灭、闪的组合）表示，每个显示周期间隔 3s。例如，制冷系统高压保护，运行指示灯灭 3s 闪 1 次。

③ 同时设有显示屏和指示灯的空调器（常见于目前的挂式或柜式空调器），显示屏和指示灯将同时指示故障代码。例如，制冷系统高压保护，显示屏显示 E1 代码，同时运行指示灯灭 3s 闪 1 次。

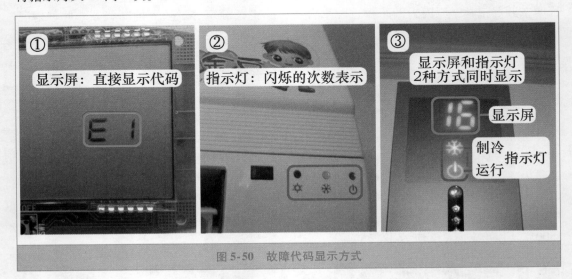

图 5-50　故障代码显示方式

➡ 说明：

① 本节只以常见故障代码为例说明检修流程，有些代码根据空调器室内机主板的特点可能或有或无。

② 相同的故障代码内容，不同厂家的故障代码名称可能会不相同，在维修空调器时需要注意。例如，室内机 CPU 接收不到室内风机（PG 电机）输出的霍尔反馈信号，室内机主板报故障代码时，格力空调器称为"无室内机电机反馈"，美的空调器称为"风机速度失控"，海信空调器称为"风机堵转或室内风机运行异常"。

③ 相同的故障代码，不同的空调器厂家定义会不相同，甚至同一厂家不同型号的空调器定义也不相同，在维修时一定不要生搬硬套。例如 E1 代码，格力空调器定义为"系统高压保护"，美的空调器某款型号定义为"上电时读 E^2PROM 参数出错"，海信空调器某款型号定义为"室内环温传感器故障"。

一、 E^2PROM 故障

① 含义：室内机存储器（E^2PROM）出现故障。

② CPU 判断依据：CPU 在读存储器时出现不能读内部数据故障，或向存储器写数据时不能写入故障。

③ 故障现象：空调器不能开机或开机后出现不能正常关机等故障。

④ 常见原因：存储器内部数据损坏。

1. 存储器安装位置

存储器内部存有数据，作为 CPU 辅助电路设在室内机主板，见图 5-51 左图，出现"E²PROM 故障"的代码时可直接更换室内机主板。

如果 CPU 内部空间可存储空调器全部数据，则不需要另设存储器，见图 5-51 右图，使用此类室内机主板的空调器也不会出现"E²PROM 故障"的代码。

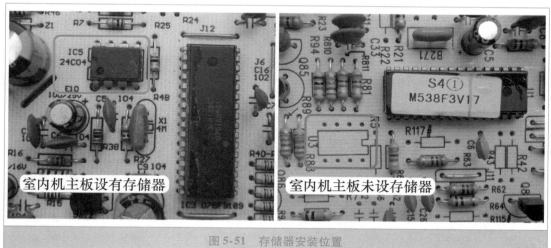

图 5-51　存储器安装位置

2. 实物外形

存储器实物外形见图 5-52，双列 8 个引脚，部分空调器使用贴片封装，供电电压通常为直流 5V，早期空调器主板通常使用 93C46，目前空调器主板通常使用 24CXX 系列（24C01、24C02、24C04、24C08 等）。

图 5-52　存储器实物外形

二、　过零检测故障

① 含义：CPU 检查电源零点位置错误。

② CPU 判断依据：过零检测端子输入电压有间断现象。

③ 常见原因：过零检测电路故障、CPU 误判、电源插座接触不良。

④ 故障现象：上电 CPU 复位检测到过零检测故障后，立即显示故障代码，并不开机进行保护。

⑤ 说明：CPU 通过过零检测电路检测过零信号，以便在零点位置驱动光耦晶闸管，使室内风机（PG 电机）运行。也就是说，室内风机使用 PG 电机的空调器，见图 4-71，才会出现"过零检测故障"的代码；如果室内风机使用抽头电机的空调器，见图 4-69，不会出现此故障代码。

过零检测电路所有元器件均在室内机主板，见图 5-53，因此显示"过零检测故障"的代码时可直接更换室内机主板。

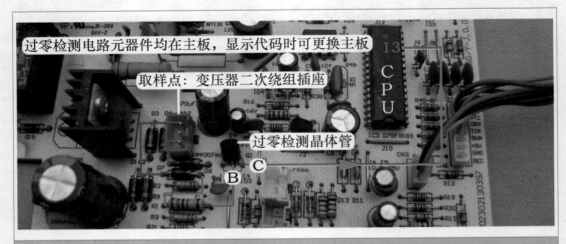

图 5-53　过零检测电路

三、　环温或管温传感器故障

① 含义：环温（或管温）传感器开路或短路。

② CPU 判断依据：检测端子电压大于 4.5V 或低于 0.5V。

③ 故障现象：制冷开机，室内风机运行，压缩机与室外风机均不运行；制热开机，室内风机、压缩机、室外风机均不运行。

④ 常见原因：环温（或管温）传感器阻值接近无穷大或接近 0Ω。

➡ 说明：在空调器故障代码中，环温传感器故障为 1 个代码，管温传感器故障为另 1 个代码，因 2 个代码检修方法相同，因此合并一起进行讲解说明。如果空调器还设有室外管温传感器，则代码还会有"室外管温传感器故障"。

1. 实物外形

室内环温传感器安装位置见图 4-23，室内管温传感器安装位置见图 4-24。室内环温和管温传感器实物外形见图 5-54，传感器只有和室内机主板上的电路一起才能组成传感器电路，因此传感器故障中既有可能为传感器损坏，也可能为室内机主板损坏。

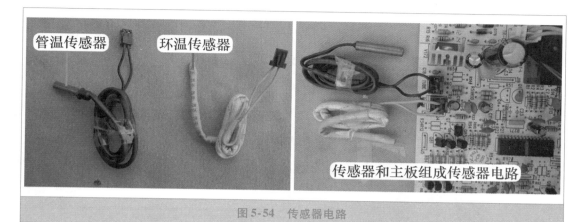

图5-54　传感器电路

2. 检修流程

（1）测量分压点电压

当空调器报出环温传感器故障或管温传感器故障的代码，首先使用万用表直流电压档，测量传感器插座分压点电压，见图5-55，本小节以常见的管温传感器故障为例进行说明。

正常电压接近直流2.5V，说明管温传感器电路正常，如果依旧报"管温传感器故障"的代码，可更换室内机主板试机。

故障电压为接近0V或接近5V，说明管温传感器电路损坏，应测量管温传感器阻值以区分故障部位。

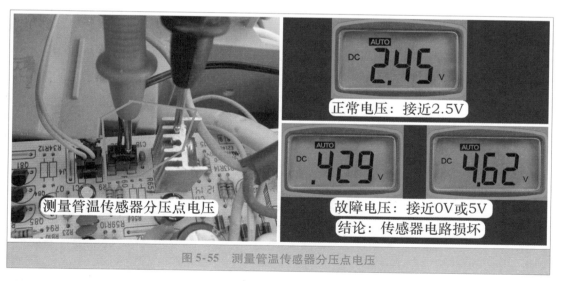

图5-55　测量管温传感器分压点电压

（2）测量传感器阻值

拔下管温传感器，使用万用表电阻档，见图5-56，测量管温传感器阻值。

正常阻值应接近传感器型号测量温度的对应阻值，说明管温传感器正常，可更换室内机主板试机。

故障阻值为接近0Ω或无穷大，说明管温传感器损坏，应更换管温传感器。

➡ **说明：** 示例空调器型号为格力 KFR-23GW/（23570）Aa-3，室内环温传感器的型号为 25℃/15kΩ，室内管温传感器的型号为 25℃/20kΩ。如果维修美的空调器，其室内环温和管温传感器均为 25℃/10kΩ，常温 25℃时测量阻值应接近 10kΩ；如果维修海信空调器，其室内环温和管温传感器均为 25℃/5kΩ，常温 25℃时测量阻值应接近 5kΩ。

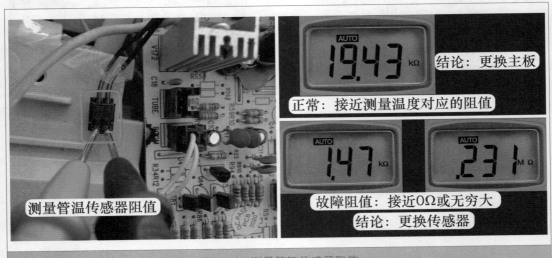

图 5-56　测量管温传感器阻值

3. 不知故障代码时测量传感器电路方法

在维修空调器故障时，如果不知道空调器显示的故障代码含义或未显示故障代码，在检查传感器电路时，见图 5-57，可在待机状态下测量传感器插座电压，由于传感器 25℃阻值和分压电阻阻值相同或接近，因此常温下室内环温传感器和室内管温传感器插座的分压点电压应相同或接近，均应接近直流 2.5V。如果实测值相差较大，则实测电压和直流 2.5V 相差较大的传感器电路有故障。

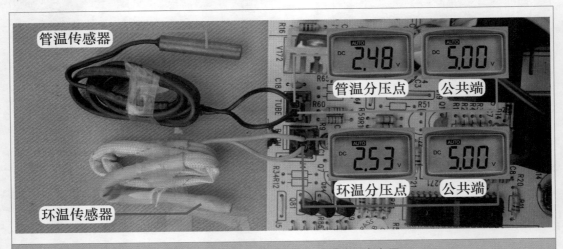

图 5-57　测量环温和管温传感器分压点电压

➡ 说明：示例空调器的室内环温传感器型号为 25℃/15kΩ，其分压电阻 R9 阻值为 15kΩ；室内管温传感器型号为 25℃/20kΩ，其分压电阻 R60 阻值为 20kΩ。美的空调器传感器型号为 25℃/10kΩ，其分压电阻阻值为 8.01kΩ。海信空调器传感器型号为 25℃/5kΩ，其分压电阻阻值为 4.7kΩ。

四、　风机速度失控

① 含义：室内风机（PG 电机）出现不运行、转速慢等故障。

② CPU 判断依据：霍尔反馈端子输入的 PG 电机霍尔脉冲信号异常。

③ 故障现象：室内风机刚运行 10s 主板就停止向室内风机供电，同时关断压缩机和室外风机供电。

④ 常见原因：室内风机线圈开路、起动电容无容量或容量减小、插座接触不良、风机内部霍尔元件损坏。

⑤ "风机速度失控" 故障代码只会出现在室内风机使用 PG 电机的挂式空调器中，见图 5-58 左图，室内风机共有 2 个插头，线圈供电插头为室内风机内部线圈提供交流电源，使其驱动贯流风扇运行，霍尔反馈插头则是室内风机向室内机主板输出代表实时转速的霍尔反馈信号。如果空调器的室内风机使用抽头电机，见图 4-69，则没有 "风机速度失控" 的故障代码。

⑥ 室内机主板 CPU 接收不到室内风机输出的霍尔信号后，故障现象根据空调器厂家不同而不同，如某些型号的空调器 10s 后即停止向室内风机供电，同时关断压缩机和室外风机供电；如格力空调器则表现为 10s 后室内机主板输出交流 220V 电压驱动室内风机运行在最高速，并持续 50s，仍接收不到霍尔信号则停止室内风机、压缩机、室外风机等负载的供电，室内风机的运行过程则持续 1min。

1. 检修流程

（1）检查室内风扇（贯流风扇）是否运行

遥控器制冷模式开机，从室内机出风口查看贯流风扇运行是否正常，等效示意图见图 5-58 右图。由于室内风机驱动贯流风扇，因此检查贯流风扇运行是否正常相当于检查室内风机运行是否正常。

检查贯流风扇运行正常，说明室内风机运行正常，为霍尔反馈电路故障，应进入第（2）检修步骤。

检查贯流风扇不运行，即室内风机不运行，说明室内风机驱动电路出现故障，故障可能为室内机主板光耦晶闸管损坏、或室内风机线圈开路，可参见本章第一节 "三、制冷开机，室内风机不运行故障"。

（2）测量霍尔反馈插座中反馈端子电压

室内风机运行正常时，使用万用表直流电压档，见图 5-59，黑表笔接霍尔反馈插座中的地、红表笔接反馈端子，测量电压。

正常电压为直流 2.5V，即供电电压 5V 的一半，说明霍尔反馈电路正常，可更换室内机主板试机。

故障电压为接近 0V 或 5V，说明霍尔反馈电路出现故障，进入第（3）检修步骤。

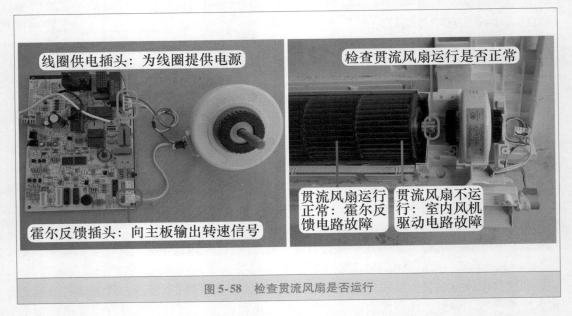

图 5-58 检查贯流风扇是否运行

➡ 说明：示例机型为格力空调器，霍尔反馈插座供电电压为直流 5V。另外，由于室内机主板接收不到霍尔信号时将很快停止向室内风机供电，因此测量电压前应先接好表笔再开启空调器。

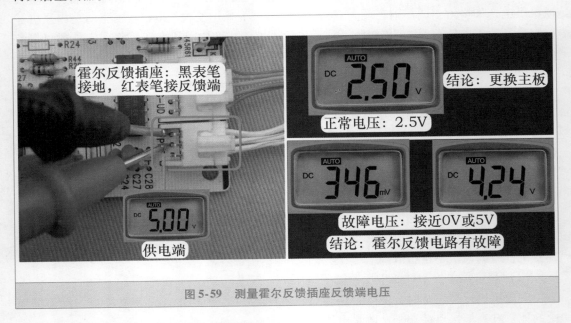

图 5-59 测量霍尔反馈插座反馈端电压

（3）拨动贯流风扇测量霍尔反馈端电压

遥控器关机但不拔下空调器电源插头，室内风机停止运行，即空调器处于待机状态，见图 5-60，将手从出风口伸入，并慢慢拨动贯流风扇，相当于慢慢旋转 PG 电机轴。

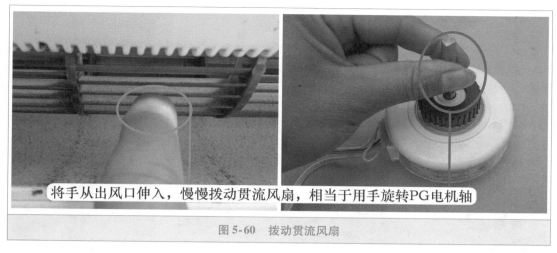

将手从出风口伸入，慢慢拨动贯流风扇，相当于用手旋转PG电机轴

图 5-60　拨动贯流风扇

依旧使用万用表直流电压档，见图5-61，测量霍尔反馈端电压。

正常为0V（低电平）~5V（高电平）~0V~5V的跳变电压，说明室内风机已输出霍尔反馈信号，可更换室内机主板试机。

如果实测电压一直为低电平或高电平，即拨动贯流风扇时恒为某个电压值不为跳变电压，初步说明室内风机未输出霍尔反馈信号，即室内风机损坏，可更换室内风机试机，但如果需要进一步区分故障部位时，可进入第（4）检修步骤。

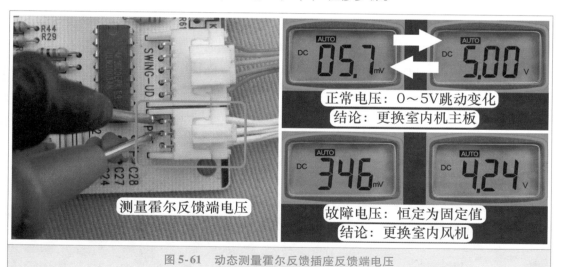

测量霍尔反馈端电压

正常电压：0~5V跳动变化
结论：更换室内机主板

故障电压：恒定为固定值
结论：更换室内风机

图 5-61　动态测量霍尔反馈插座反馈端电压

（4）取出室内风机霍尔反馈插头中的反馈引线测量电压

见图5-62，取出室内风机霍尔反馈插头中的反馈引线，黑表笔不动依旧接霍尔反馈插座中的地、红表笔接反馈引线，用手在慢慢拨动贯流风扇时测量电压。

如果实测依旧为0V~5V~0V~5V的跳变电压，可确定室内风机正常，应更换室内机主板。

如果实测电压依旧一直为高电平或低电平，可确定室内风机未输出霍尔反馈信号，应更换室内风机。

➡️ 说明：取出霍尔反馈引线测量电压，可排除因室内机主板霍尔反馈电路元件短路引起的跳变电压不正常，而引起的误判。

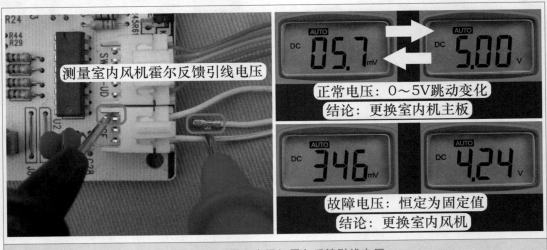

图 5-62　测量室内风机霍尔反馈引线电压

2. 美的空调器和海尔空调器霍尔反馈插座电压

美的空调器的室内机主板上的霍尔反馈插座中，供电电压为直流12V，见图 5-63 左图，室内风机正常运行时反馈端电压约为 3.8V（实测为 3.5～3.9V），待机状态下用手拨动贯流风扇时反馈端电压为 0V（低电平）～7.6V（高电平）～0V～7.6V 跳动变化的电压。

海尔空调器的室内机主板上霍尔反馈插座中的供电电压为直流 5V，见图 5-63 右图，室内风机正常运行时反馈端电压为 0.6V（635mV），待机状态下用手拨动贯流风扇时反馈端电压为 0V（低电平）～1.3V（高电平）～0V～1.3V 跳动变化的电压。

➡️ 说明：海信空调器的霍尔反馈供电电压为直流 5V，室内风机运行时反馈端电压为直流 2.5V、待机状态拨动贯流风扇时为 0V～5V～0V～5V 的跳变电压，和格力空调器相同。

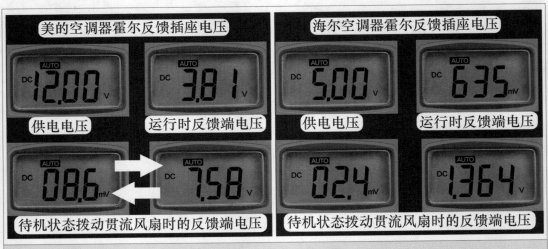

图 5-63　美的和海尔空调器霍尔反馈电压

① 含义：压缩机起动时或运行过程中电流过大。

② CPU 判断依据：CPU 根据电流检测端子电压计算后判断压缩机电流过大。

③ 故障现象：根据空调器品牌不同而不同。例如，海信空调器在压缩机起动时或运行过程中检测到电流过大超过预设值，立即停止向压缩机和室外风机供电，显示故障代码并不再起动，整个过程约 10s；美的空调器或格力柜式空调器检测电流过大时，也立即停止向压缩机和室外风机供电，但待 3min 后再次起动压缩机和室外风机，如仍检测到电流过大，则再次停机，如连续 4 次（美的空调器）或 5 次（格力空调器）电流过大，则不再起动压缩机和室外风机，并显示电流过大的故障代码，整个过程约 10min 以上。

④ 常见原因：供电电压低、压缩机电容损坏、压缩机卡缸、室外风机不运行或冷凝器脏堵。

⑤ 见图 5-64 左图，如果室内机主板设有电流检测电路，相对应的空调器会出现"电流过大保护"的故障代码；见图 5-64 右图，如果室内机主板未设电流检测电路，相对应的空调器即使压缩机卡缸等原因使得电流很大，也不会出现"电流过大保护"的故障代码。

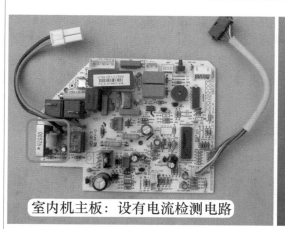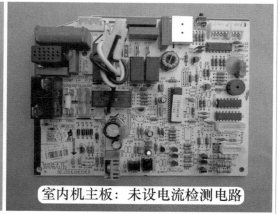

室内机主板：设有电流检测电路　　室内机主板：未设电流检测电路

图 5-64　电流检测电路

1. 电流检测电路原理

电流检测电路中使用电流互感器检测电流，实物外形见图 5-65 左图。电流互感器相当于 1 个变压器，一次绕组为穿在中间孔的引线（整机供电引线或压缩机引线），当引线中有电流通过时，电流互感器的二次绕组输出相对应的电压，经整流、滤波等电路送到 CPU 引脚，CPU 根据电压计算出实际电流，从而对空调器进行控制。

见图 5-65 中图和右图，将压缩机引线穿入电流互感器的中间孔，则 CPU 检测为压缩机的电流；如果电流互感器中间穿入电源 L 端或 N 端引线，则 CPU 检测为整机电流。

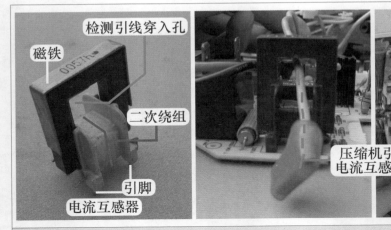

图 5-65　电流互感器检测原理

2. 检修步骤

（1）测量压缩机电流

使用万用表电流档，钳头夹住室外机接线端子上的压缩机引线测量电流，见图 5-66，通常有以下 3 种结果。

实测电流为正常值，即接近额定值，说明整机系统正常，为室内机主板损坏，表现为定时停止向室外机供电并显示故障代码，可更换室内机主板试机。

实测电流较大，接近 2 倍额定值，通常为冷凝器通风系统故障，表现为运行一段时间后不定时停止向室外机供电并显示故障代码，且符合室外温度越高、空调器运行时间越短的特点，进入"（4）2 倍电流检修流程"的步骤。

实测电流过大，接近 4 倍额定值，通常为供电电压低或压缩机起动不起来故障，表现为室内机主板输出压缩机供电后立即停机保护，常见原因为供电电压低、压缩机电容损坏、压缩机卡缸，进入"（2）测量压缩机电压"的步骤。

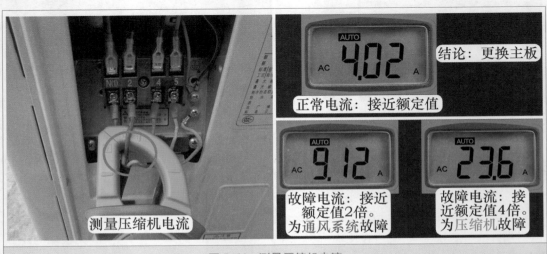

图 5-66　测量压缩机电流

（2）测量压缩机电压

使用万用表交流电压档，见图 5-67，1 个表笔接室外机接线端子上的零线 N、1 个表笔接压缩机引线，在压缩机起动时测量电压。

实测电压高于交流 198V，说明用户电源正常，为压缩机起动不起来故障，进入"(3)4 倍电流检测流程"的步骤。

实测电压低于交流 198V 较多，即供电电压较低，说明空调器正常，为用户电源故障，应当让用户找电工维修供电线路或加装大功率稳压器。

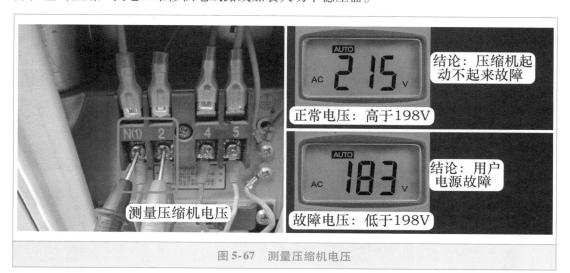

图 5-67　测量压缩机电压

（3）4 倍电流故障检修流程

见图 5-68，供电电压交流 220V 正常而压缩机电流依旧很大，常见原因为压缩机电容容量减少或无容量、压缩机卡缸。

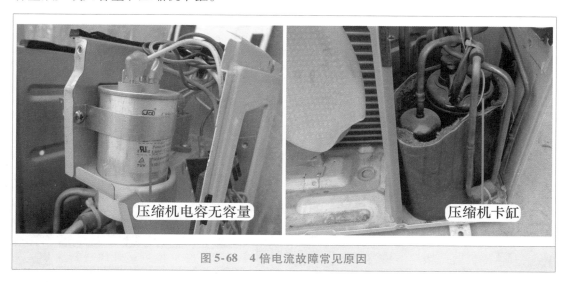

图 5-68　4 倍电流故障常见原因

为区分故障，见图 5-69，使用相同容量的正常电容代换，使用万用表电流档，钳头夹好压缩机引线再次上电开机。

压缩机起动运行，空调器开始制冷，实测电流接近额定值，说明原机压缩机电容损坏，应使用新代换的压缩机电容。

实测电流仍大于额定值4倍，说明压缩机依旧起动不起来，在供电电压和压缩机电容正常的前提下，通常为压缩机卡缸损坏，应更换压缩机。

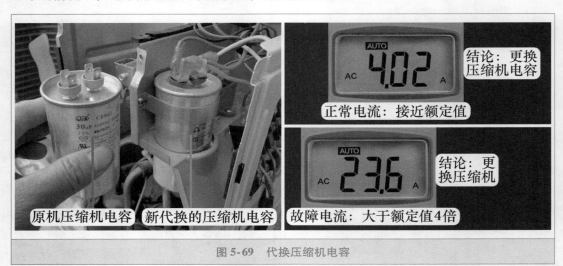

图 5-69　代换压缩机电容

（4）2 倍电流故障检修流程

通风系统故障常见原因为冷凝器背部脏堵或室外风机转速慢，首先检查冷凝器背部是否脏堵。

见图 5-70 左图，如果冷凝器背部被尘土或毛絮堵塞，制冷模式运行时冷凝器因不能有效散热，使得压缩机负载变大，压缩机电流上升，制冷效果下降，并最终导致压缩机过载停机或显示"电流过大保护"的故障代码，维修方法是清扫背部毛絮，并使用清水冲洗冷凝器。

见图 5-70 右图，如果冷凝器背部干净，应检查室外风机转速。

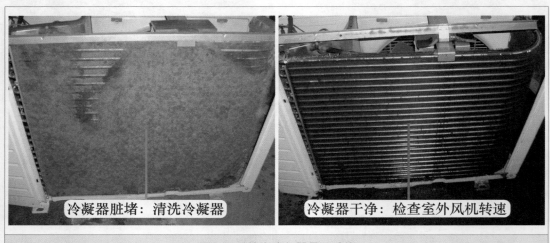

图 5-70　检查冷凝器是否脏堵

将手放在室外机出风口，如果感觉吹出的风很热但风量很小，见图 5-71，通常为室外风机转速慢，常见原因为室外风机电容容量变小，可直接代换室外风机电容试机。

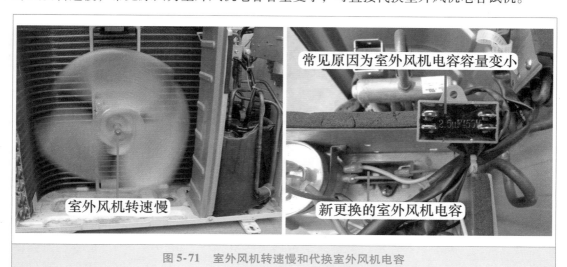

图 5-71　室外风机转速慢和代换室外风机电容

第六章

安装空调器原装主板

第一节　主板插座功能辨别方法

从前面知识可知，一个完整的空调器电控系统由主板、输入电路外围元器件、输出电路负载构成。外围元器件和负载都是通过插头或引线与主板连接，因此能够准确判断出主板上插座或引线的功能，是维修人员的基本功。本节以格力 KFR-23GW/(23570)Aa-3 挂式空调器的室内机主板为例，对主板插座设计特点进行简要分析。

一、　主板电路设计特点

① 主板根据工作电压不同，设计为 2 个区域。图 6-1、图 6-2 为主板强电-弱电区域分布的正面视图和背面视图，交流 220V 为强电区域，插座或接线端子使用红线表示；直流 5V 和 12V 为弱电区域，插座使用蓝线表示。

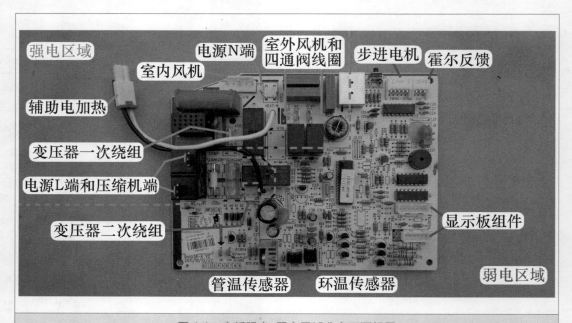

图 6-1　主板强电-弱电区域分布正面视图

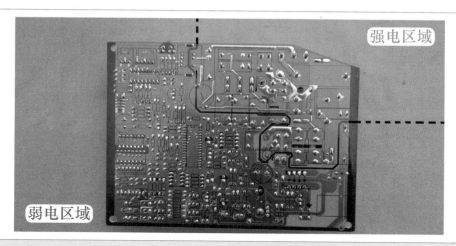

图6-2 主板强电-弱电区域分布背面视图

② 强电区域插座设计特点：大 2 针插座与压敏电阻并联的接变压器一次绕组，小 2 针插座（在整流二极管附近）的接变压器二次绕组，最大的 3 针插座接室内风机，压缩机继电器上方端子（下方焊点接熔丝管）的为 L 端供电，另 1 个端子接压缩机引线，另外 2 个继电器的接线端子接室外风机和四通阀线圈引线。

③ 弱电区域插座设计特点：2 针插座接传感器，3 针插座接室内风机霍尔反馈，5 针插座接步进电机，多针插座接显示板组件。

④ 通过指示灯可以了解空调器的运行状态，通过接收器则可以改变空调器的运行状态，两者都是 CPU 与外界通信的窗口，因此通常将指示灯、接收器、应急开关等设计在一块电路板上，称为显示板组件（也称显示电路板）。

⑤ 应急开关：在没有遥控器的情况下能够通过应急开关来使用空调器，通常有 2 种设计方法：一是直接焊在主板上，二是与指示灯、接收器一起设计在显示板组件上面。

⑥ 空调器工作电源交流 220V 供电 L 端是通过压缩机继电器上的接线端子输入，而 N 端则是直接输入。

⑦ 室外机负载（压缩机、室外风机、四通阀线圈）均为交流 220V 供电，3 个负载共用 N 端，由电源插头通过室内机接线端子和室内外机连接线直接供给；每个负载的 L 端供电则是主板通过控制继电器触点闭合或断开完成。

二、 主板插座设计特点

1. 主板交流 220V 供电和压缩机引线端子

压缩机继电器上方共有 2 个端子，见图 6-3 左图，1 个接电源 L 端引线，1 个接压缩机引线。

见图 6-3 右图，压缩机继电器上的电源 L 端引线的端子下方焊点与熔丝管连接，压缩机引线的端子下方焊点连接阻容元件（或焊点为空）。

见图 6-4，电源 N 端引线则是电源插头直接供给，主板上标有 "N" 标记。

图6-3　压缩机继电器接线端子

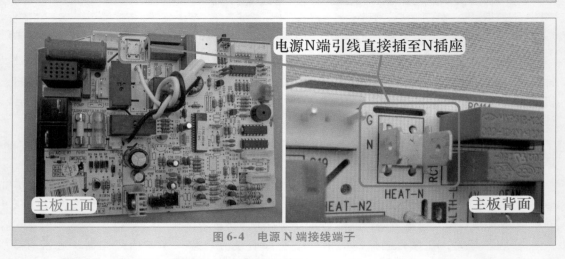

图6-4　电源N端接线端子

2. 变压器一次绕组（俗称初级线圈）插座

2针插座位于强电区域，见图6-5，1针焊点经熔丝管连接电源L端，1针焊点连接电源N端。

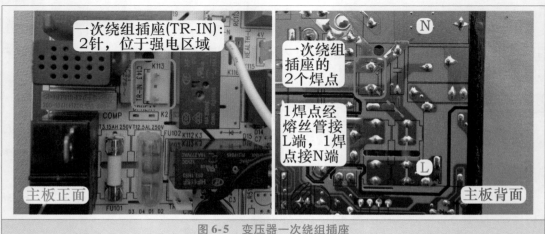

图6-5　变压器一次绕组插座

3. 变压器二次绕组（俗称次级线圈）插座

2 针插座位于弱电区域，见图 6-6，也就是和 4 个整流二极管（或硅桥）最近的插座，2 针焊点均连接整流二极管。

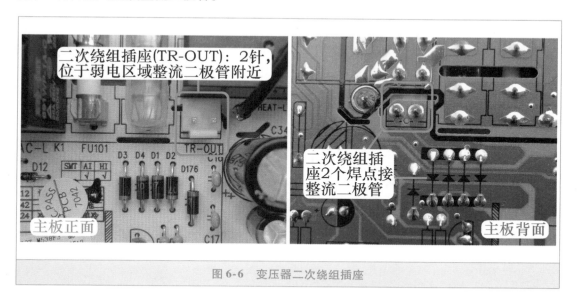

图 6-6　变压器二次绕组插座

4. 传感器插座

环温和管温传感器 2 个插座均为 2 针，见图 6-7，位于主板弱电区域，2 个插座的其中 1 针连在一起接直流 5V 或地，另 1 针接分压电阻送至 CPU 引脚。

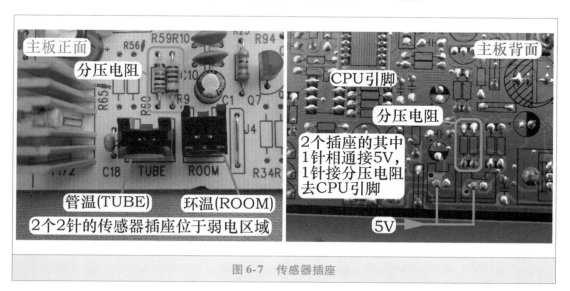

图 6-7　传感器插座

5. 步进电机插座

5 针插座位于弱电区域，见图 6-8，其中 1 针焊点接直流 12V 电压，另外 4 针焊点接反相驱动器输出侧引脚。

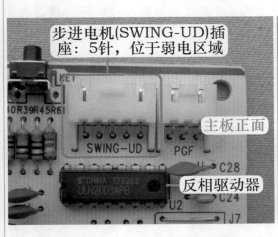
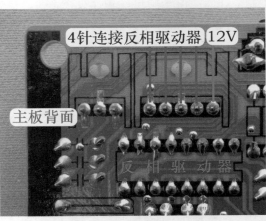

图 6-8　步进电机插座

6. 显示板组件（接收器、指示灯）插座

见图 6-9，插座引针的数量根据机型不同而不同，位于弱电区域；插座的多数引针焊点接弱电电路，由 CPU 控制。

注：部分空调器显示板组件插座的引针设计特点为，除直流电源地和 5V 两个引针外，其余引针全部与 CPU 引脚相连。

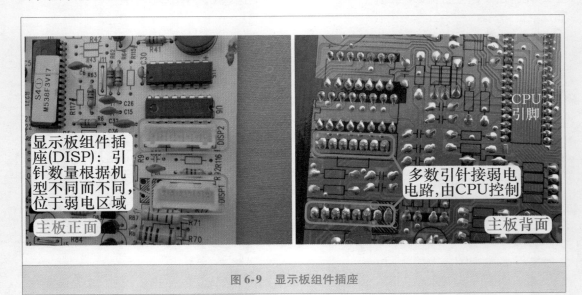

图 6-9　显示板组件插座

7. 霍尔反馈插座

3 针插座位于弱电区域，见图 6-10，1 针接直流 5V 电压，1 针接地，1 针为反馈，通过电阻接 CPU 引脚。

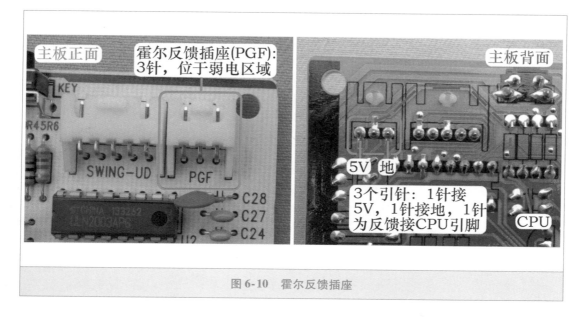

图 6-10　霍尔反馈插座

8. 室内风机（PG 电机）线圈供电插座

见图 6-11，3 针插座位于强电区域：1 针接光耦晶闸管，1 针接电容焊点，1 针接电源 N 端和电容焊点。

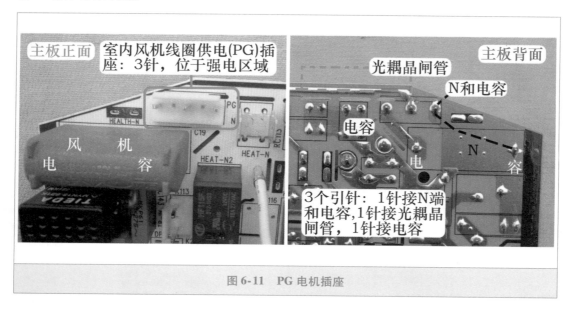

图 6-11　PG 电机插座

9. 室外风机和四通阀线圈接线端子

位于强电区域，见图 6-12，2 个接线端子连接相对应的继电器触点。

注：室外风机和四通阀线圈引线一端连接继电器触点（继电器型号相同），另一端接在室内机接线端子上，如果主板没有特别注明，区分比较困难，可以通过室内机外壳上电气接线图的标识判断。

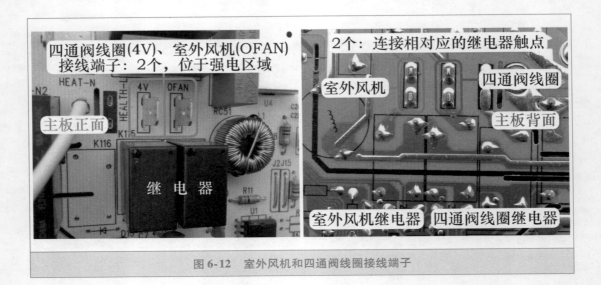

图 6-12　室外风机和四通阀线圈接线端子

10. 辅助电加热插头

2 根引线位于强电区域，见图 6-13，1 根为白线通过继电器触点接电源 N 端，1 根为黑线通过继电器触点和熔丝管接电源 L 端。

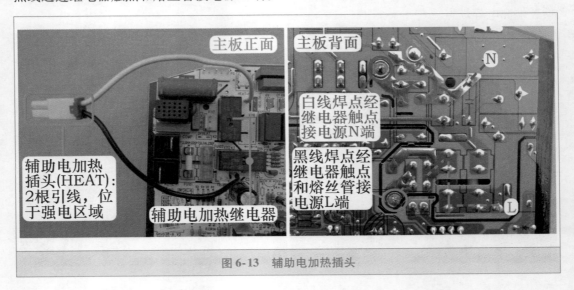

图 6-13　辅助电加热插头

第二节　安装挂式空调器主板

安装原装主板是指判断或确定原机主板损坏，使用和原机相同的主板更换时需要操作的步骤。本节以格力 KFR-23GW/(23570) Aa-3 的 1P 挂式空调器为例，介绍室内机主板损坏时，需要更换相同型号主板的操作步骤。

一、 主板和插头

图 6-14 左图为室内机主板主要插座和接线端子，由图可见，传感器、显示板组件插头等位于内侧，因此应优先安装这些插头，否则由于引线不够长不能安装至主板插座。

图 6-14 右图为室内机引线的插头，主要有室内风机、室外机负载引线、变压器插头、传感器插头等。

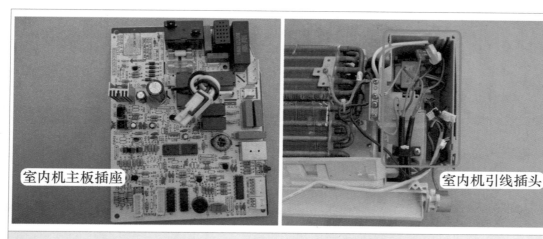

室内机主板插座

室内机引线插头

图 6-14　室内机主板插座和电控盒插头

二、 安装步骤

1. 跳线帽

室内机主板弱电区域中，见图 6-15，跳线帽插座标识为 JUMP。由于新主板只配有跳线帽插座，不配跳线帽，更换主板时应首先将跳线帽从旧主板上拆下，并安装至 JUMP 插座。如果更换主板时忘记安装跳线帽，则安装完成后通电试机，将显示 C5 代码。

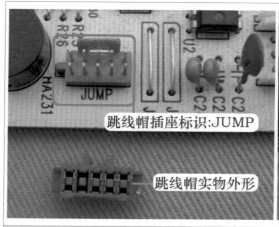

跳线帽插座标识:JUMP

跳线帽实物外形

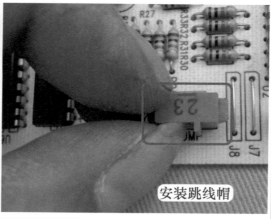

安装跳线帽

图 6-15　安装跳线帽

2. 环温和管温传感器

见图 6-16，环温传感器安装在室内机进风口位置，主板弱电区域中对应插座标识为 ROOM；管温传感器检测孔焊接在蒸发器管壁，主板弱电区域中对应插座标识为 TUBE。

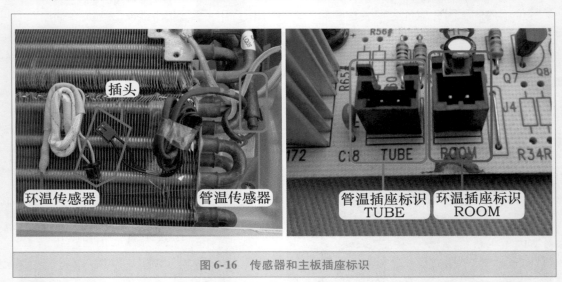

插头

环温传感器　　　　管温传感器

管温插座标识　　环温插座标识
TUBE　　　　　ROOM

图 6-16　传感器和主板插座标识

见图 6-17，将环温传感器插头插在 ROOM 插座，将管温传感器插头插在 TUBE 插座。说明：2 个传感器插头形状不一样，如果插反则安装不进去；并且目前新主板通常标配有环温和管温传感器，更换主板时不用安装插头，只需要将环温和管温传感器的探头安装在原位置即可。

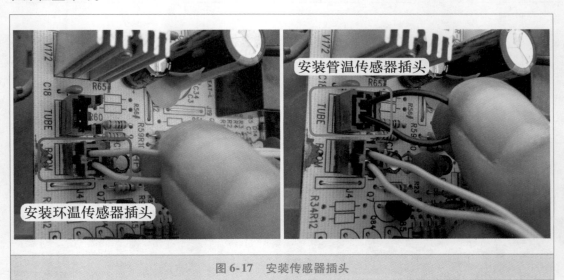

安装管温传感器插头

安装环温传感器插头

图 6-17　安装传感器插头

3. 显示板组件

见图 6-18，本机显示板组件固定在前面板中间位置，共有 2 组插头；主板弱电区域相对应设有 2 组插座，标识为 DISP1 和 DISP2。

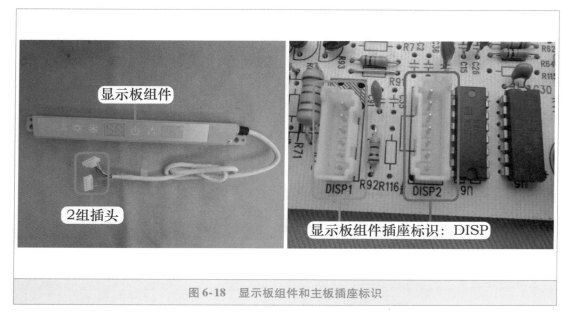

图 6-18　显示板组件和主板插座标识

　　见图 6-19，将 1 组 6 芯引线的插头安装至主板 DISP1 插座，将另 1 组 7 芯引线的插头安装至 DISP2 插座；2 组插头引线数量不同，插头大小也不相同，如果插反不能安装。

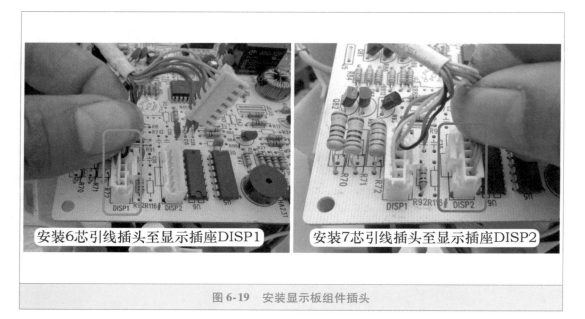

图 6-19　安装显示板组件插头

4. 变压器

　　变压器共有 2 组插头，见图 6-20，大插头为一次绕组，插座位于强电区域，主板标识为 TR-IN；小插头为二次绕组，插座位于弱电区域，主板标识为 TR-OUT。

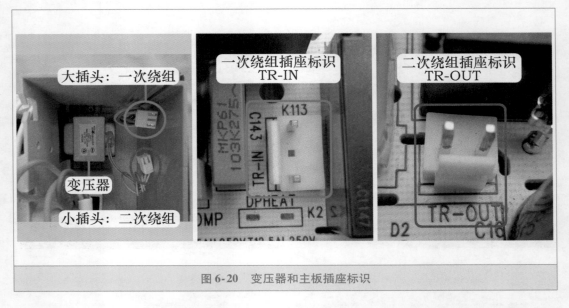

图 6-20　变压器和主板插座标识

见图 6-21，将小插头二次绕组插在主板 TR- OUT 插座，将大插头一次绕组插在主板 TR- IN 插座。

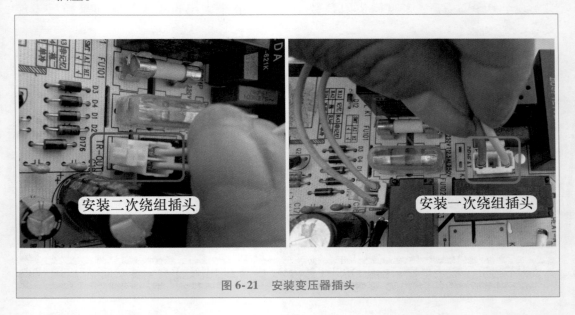

图 6-21　安装变压器插头

5. 电源输入引线

见图 6-22 左图，电源输入引线共有 3 根：棕线为相线 L、蓝线为零线 N、黄/绿线为地线，地线直接固定在地线端子不用安装，安装主板只需要安装棕线 L 和蓝线 N。

见图 6-22 中图和右图，主板强电区域中压缩机继电器上方的 2 个端子，标有 AC-L 的端子对应为相线 L 输入、标有 COMP 的端子对应为压缩机引线；标有 N 的端子为零线 N 输入。

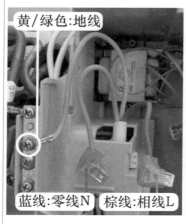

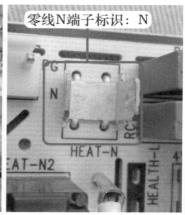

图 6-22 电源输入引线和主板端子标识

见图 6-23，将棕线插在压缩机继电器上方对应为 AC-L 的端子，为主板提供相线 L 供电；将蓝线插在 N 端子，为主板提供零线 N 供电。

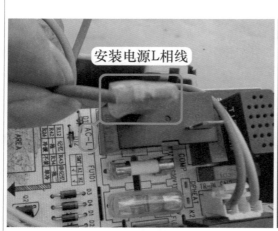
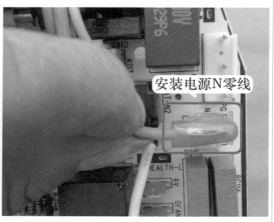

图 6-23 安装主板输入引线

6. 室外机引线

见图 6-24 左图，连接室外机电控系统的引线共使用 2 束 5 芯线。较粗的 1 束为 3 芯线：黑线为压缩机 COMP、蓝线为零线 N、黄/绿线为地线；较细的 1 束有 2 芯线：橙线为室外风机 OFAN、紫线为四通阀线圈 4V。

见图 6-24 右图，主板强电区域中，压缩机端子标识为 COMP，零线 N 端子标识为 N，室外风机端子标识为 OFAN，四通阀线圈端子标识为 4V。地线直接固定在地线端子不用安装。

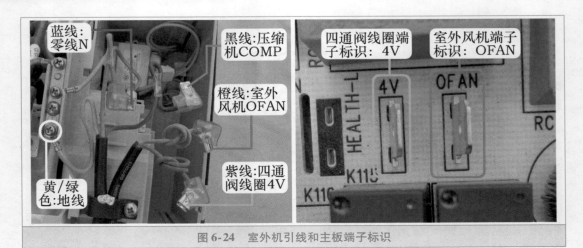

图 6-24 室外机引线和主板端子标识

见图 6-25，将黑色的压缩机引线 COMP，插在主板压缩机继电器对应为 COMP 的端子；将蓝色的零线 N，插在主板 N 端子，和电源输入引线中的零线 N 直接相通。

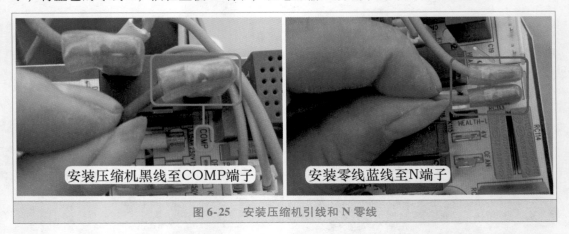

图 6-25 安装压缩机引线和 N 零线

见图 6-26，将橙色的室外风机引线 OFAN，插在主板 OFAN 端子；将紫色的四通阀线圈引线 4V，插在主板 4V 端子。

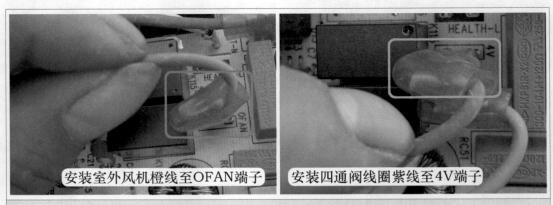

图 6-26 安装室外风机和四通阀线圈引线

7. PG 电机插头

PG 电机引线由电控盒下方引出，见图 6-27，共有 2 组插头，大插头为线圈供电，插座位于强电区域，主板标识为 PG；小插头为霍尔反馈，插座位于弱电区域，主板标识为 PGF。

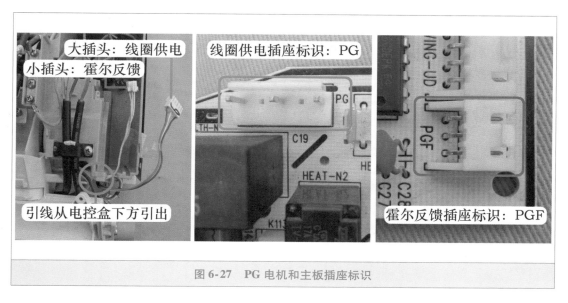

图 6-27　PG 电机和主板插座标识

见图 6-28 左图，将大插头线圈供电插在主板 PG 插座。见图 6-28 右图，将小插头霍尔反馈插在主板 PGF 插座。

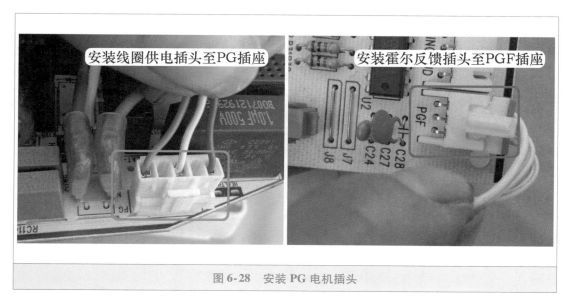

图 6-28　安装 PG 电机插头

8. 步进电机插头

步进电机插头共有 5 根引线，见图 6-29，插座位于弱电区域，主板标识为 SWING- UD；将步进电机插头插在主板 SWING- UD 插座。

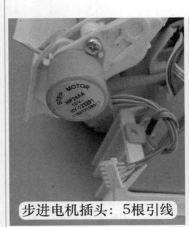
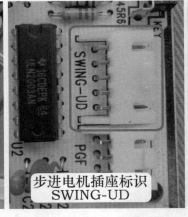
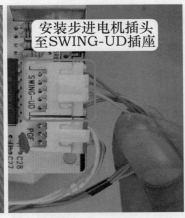

图 6-29　安装步进电机插头

9. 辅助电加热插头

　　辅助电加热引线由蒸发器右侧下方引出，见图 6-30 左图，共有 2 根较粗的引线，使用对接插头。

　　见图 6-30 中图，对接插头引线设在主板强电区域，标识为 HEAT-L 和 HEAT-N 端子，引出 2 根较粗的引线，并连接对接插头。

　　见图 6-30 右图，将辅助电加热引线和主板引线的对接插头安装到位。

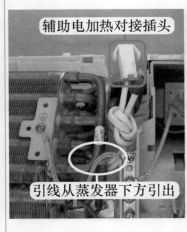

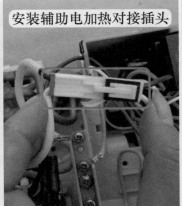

图 6-30　安装辅助电加热对接插头

10. 安装完成

　　见图 6-31，所有负载的引线或插头，均安装在主板相对应的端子或插座，至此，更换室内机主板的步骤已全部完成。

图 6-31　安装完成

第三节　安装柜式空调器主板

本节以格力 KFR-72LW/（72569）NhBa-3 的柜式空调器为例，介绍室内机主板损坏时，需要更换相同型号主板的操作步骤。

一、实物外形和安装位置

图 6-32 左图为电控系统中取下室内机主板后的插头和连接线，包括供电引线、辅助电加热插头等，图 6-32 右图为室内机主板实物外形，电控系统中的插头和连接线均安装在主板上的插座或接线端子上面。

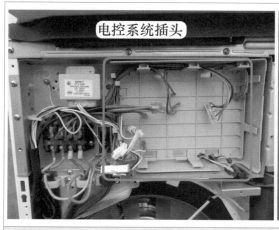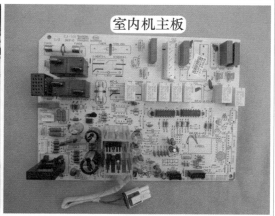

图 6-32　电控系统插头和主板外形

见图 6-33，扳开电控系统中的插头和连接线，先将主板下部安装在电控系统中对应位置，再向里按压主板上部，使卡扣均固定住主板。

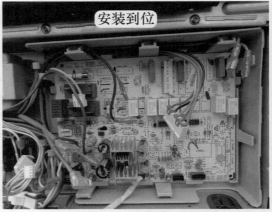

图 6-33　安装主板

二、安装步骤

1. 主板供电引线

室内机主板电源供电输入引线共有 2 根，见图 6-34 左图，棕线为相线 L，取自室内机接线端子上的 2 号相线；蓝线为零线 N，取自接线端子上的 N(1) 零线。

在室内机主板强电区域中，见图 6-34 右图，标识为 AC-L 的端子接电源相线，标识为 N 的端子接电源零线。

➡ 说明：本机电源接线端子共设有 4 位，标号 L、N 的 2 位端子下方连接电源供电引线，直接接至电源插座，L 端和 N 端分为 2 路，其中 1 路为辅助电加热供电，另 1 路中 L 相线穿过电流互感器后连接 2 端、与 N(1) 端组合为室外机和室内机主板提供供电。接线端子上共有 4 根引线连接室内机主板，L、N 端子引线较粗，为辅助电加热供电；2、N(1) 端子引线较细，为室内机主板供电。

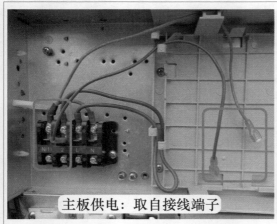
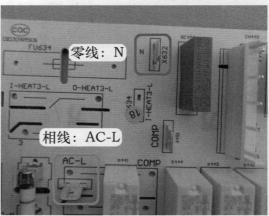

图 6-34　供电引线和端子标识

见图 6-35，将供电棕线（相线）的连接线安装至 AC-L 端子，将供电蓝线（零线）的连接线安装至 N 端子，L-N 引线为主板提供交流 220V 供电。

➡ 说明：由于本机设有室外机高压压力开关保护电路，即室外机电源零线 N 端经高压压力开关送至室内机主板 HPP 端子，正常时和零线 N 端相通，如果安装时为室内机主板供电的蓝线和棕线插反，则空调器不能工作，上电即显示 E1（制冷系统高压保护）的故障代码。

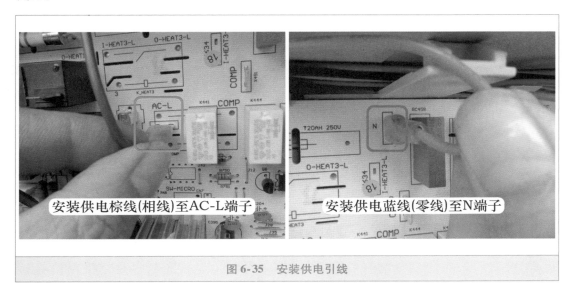

安装供电棕线(相线)至AC-L端子 安装供电蓝线(零线)至N端子

图 6-35 安装供电引线

2. 辅助电加热引线

见图 6-36，辅助电加热（以下简称辅电）的供电为交流 220V，取自接线端子上的 L-N 端子，由于辅电功率较大，因此其 2 根引线表面均设有耐热护套。

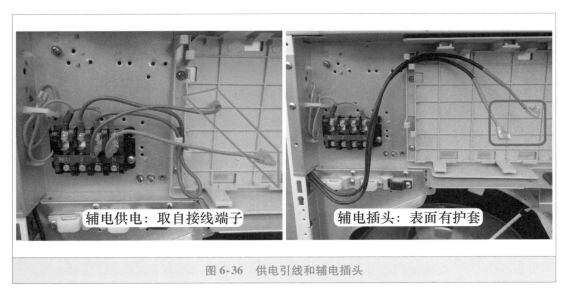

辅电供电：取自接线端子 辅电插头：表面有护套

图 6-36 供电引线和辅电插头

电源供电的 2 根引线通过使用 2 个继电器触点为辅电的 2 根引线供电，因此辅电电路共有 4 根引线。

在英文符号中，HEAT 含义为辅助电加热（辅电）；I 即 IN，含义为输入，接输入电源引线，O 即 OUT，含义为输出，接辅电引线。

见图 6-37，主板强电区域中标识为 I-HEAT1-L 的端子接电源输入相线，标识为 I-HEAT2-N 的端子接电源输入零线，标识为 O-HEAT1-L 的端子接辅电引线中的相线，标识为 O-HEAT2-N 的端子接辅电引线中的零线。

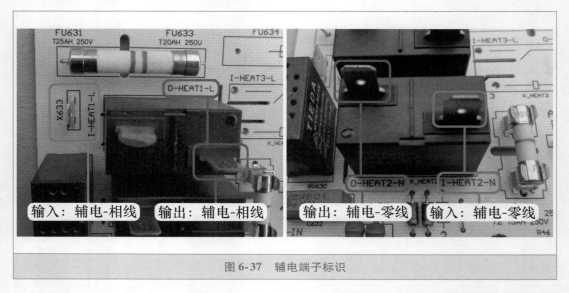

图 6-37　辅电端子标识

见图 6-38，将电源供电棕线（相线）安装至 I-HEAT1-L 端子，电源供电蓝线（零线）安装至 I-HEAT2-N 端子，L-N 引线为辅电提供电源。

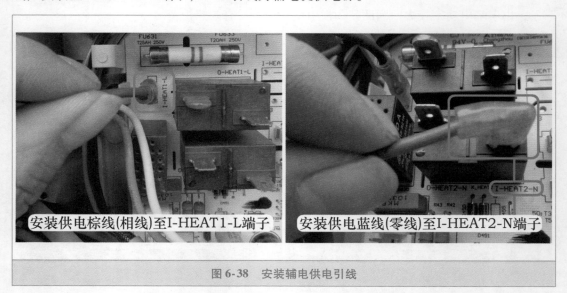

图 6-38　安装辅电供电引线

见图 6-39，将辅电引线中的红线安装至 O-HEAT1-L 端子，辅电引线中的蓝线安装至 O-HEAT2-N 端子。

➡ 说明：辅电为交流 220V 供电，实际安装时即使插反，也能正常使用。

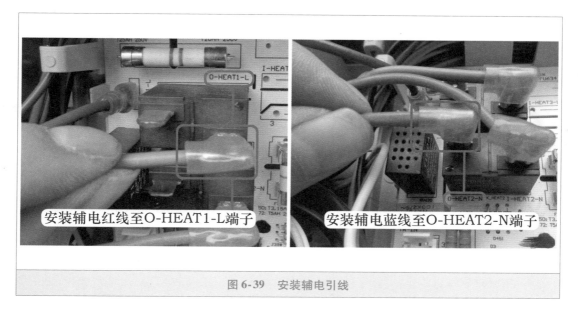

图 6-39　安装辅电引线

3. 变压器插头

变压器位于电控系统中左侧位置，见图 6-40 左图，其共有 2 个插头，大插头为一次绕组，接交流 220V 电源，小插头为二次绕组，接整流二极管。

变压器英文标识为 T，见图 6-40 右图，主板强电区域中标识为 TR-IN 的插座接变压器一次绕组插头，弱电区域中标识为 TR-OUT 的插座接变压器二次绕组插头。

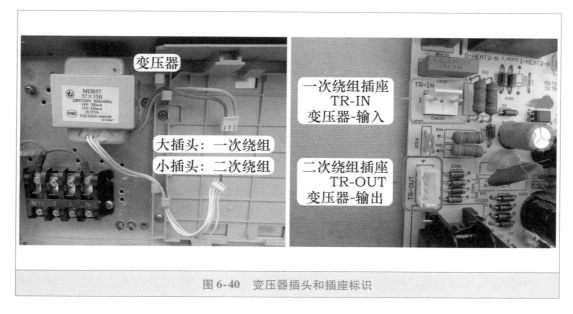

图 6-40　变压器插头和插座标识

见图 6-41，将变压器一次绕组插头安装至主板强电区域中的 TR-IN 插座，将二次绕组插头安装至主板弱电区域中的 TR-OUT 插座。

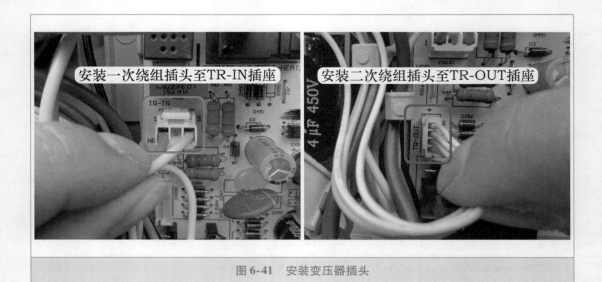

图 6-41　安装变压器插头

4. 电流互感器引线

见图 6-42，取下接线端子 2 端上方的连接线，并将其穿入电流互感器中间孔，连接至 2 端后拧紧固定螺钉。

➡ 说明：实际安装时，也可以取下 L 端上方的连接线，穿入电流互感器拧紧螺钉后同样也能正常使用。

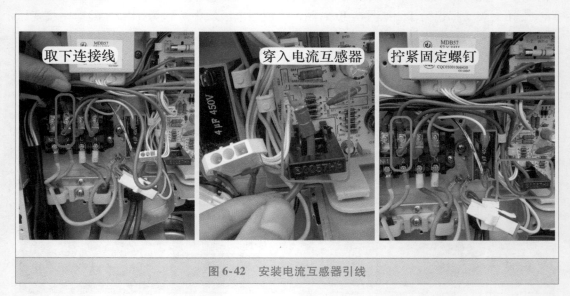

图 6-42　安装电流互感器引线

5. 传感器插头

本机室内机设有室内环温和室内管温传感器，见图 6-43 左图和中图，2 个传感器的 4 根引线做成 1 个插头，同样，主板弱电区域中设有 1 个 4 针的插座，标识中含有 ROOM 和 TUBE 的插座即为传感器插座，其中 ROOM 的含义为环温传感器、TUBE 的含义为管温传感器。

见图 6-43 右图，将传感器插头插至主板标有 ROOM 和 TUBE 的插座。

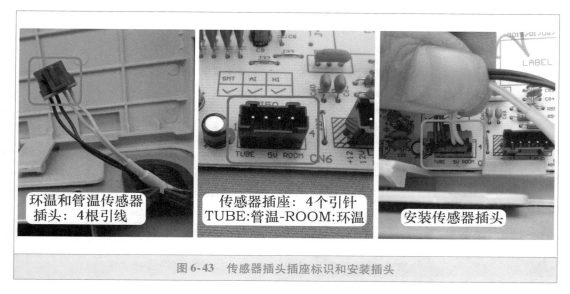

图 6-43　传感器插头插座标识和安装插头

6. 显示板插座

柜式空调器室内机基本上均设有主板和显示板共 2 块电路板，主板和显示板使用连接线连接，见图 6-44 左图和中图，本机连接线共有 5 根引线，使用 1 个插头，主板上弱电区域中设有 1 个 5 针的插座，标识中含有 DISPLAY 的插座即为显示板插座。其中 COM 含义为通信，DISPLAY 含义为显示器。

见图 6-44 右图，将显示板插头插在主板标有 COM-DISPLAY 的插座。

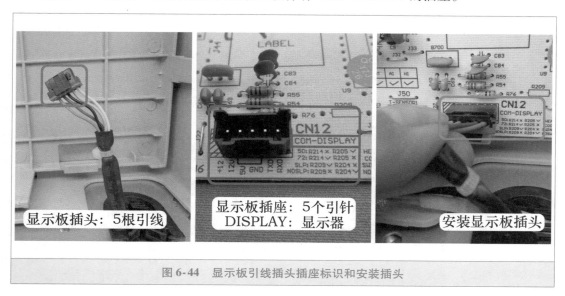

图 6-44　显示板引线插头插座标识和安装插头

7. 室内风机（离心电机）插头

柜式空调器室内风机使用离心电机，本机为抽头式电机，电容由于容量较大，未设计在室内机主板上面，安装在电控系统左侧，电机中电容引线已直接连接，更换室内机主板时只需要安装离心电机插头即可。

见图 6-45，主板强电区域设有 1 个体积较大、标识为 FAN 的插座，即为离心电机插座，将离心电机插头插至标有 FAN 的插座。FAN 含义为风扇。

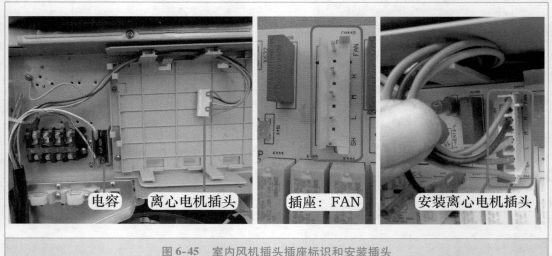

电容　离心电机插头　插座：FAN　安装离心电机插头

图 6-45　室内风机插头插座标识和安装插头

8. 室内外机对接插头引线

本机室外机未设置电路板，室内机主板通过连接线控制室外机强电负载，见图 6-46 左图，共设有 4 根连接线：黑线连接压缩机交流接触器线圈，橙线为室外风机供电，紫线为四通阀线圈供电，黄线连接室外机高压压力开关。

见图 6-46 右图，在主板强电区域中，标识 COMP 的端子为压缩机。

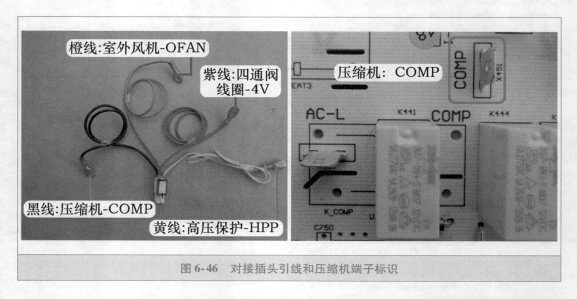

橙线：室外风机-OFAN
紫线：四通阀线圈-4V
压缩机：COMP
黑线：压缩机-COMP
黄线：高压保护-HPP

图 6-46　对接插头引线和压缩机端子标识

见图 6-47，标识 OFAN 的端子为室外风机，标识 4V 的端子为四通阀线圈，标识 HPP 的端子为高压保护。

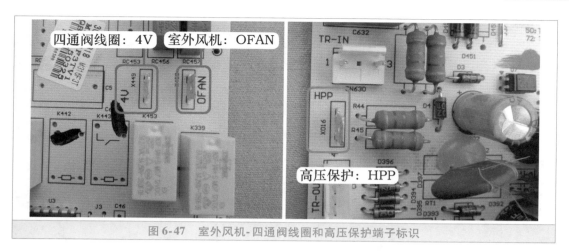

图 6-47 室外风机-四通阀线圈和高压保护端子标识

见图 6-48，将对接插头中的压缩机黑线插至主板标有 COMP 的端子，将室外风机橙线插至主板标有 OFAN 的端子。

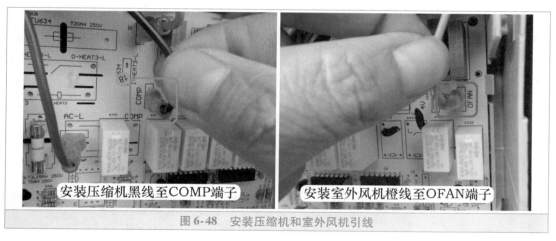

图 6-48 安装压缩机和室外风机引线

见图 6-49，将四通阀线圈紫线插至主板标有 4V 的端子，将高压保护黄线插至主板标有 HPP 的端子。

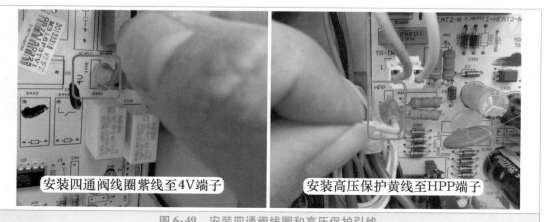

图 6-49 安装四通阀线圈和高压保护引线

9. 室外管温传感器

见图 6-50 左图，查看室内机和室外机的对接插头，会发现共有 2 个：1 个是方形对接插头，共 4 根引线，连接强电负载；1 个是扁形对接插头，共 2 根引线，连接室外管温传感器。

主板上弱电区域中设有 1 个连接对接插头的插座，见图 6-50 右图，英文标识为 OUT-TUBE，含义为室外管温，即室外管温传感器的对接插头。

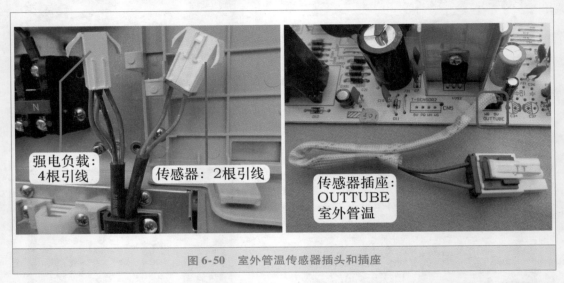

图 6-50　室外管温传感器插头和插座

见图 6-51 左图，将室内外机连接线中的扁形对接插头，安装至主板上室外管温传感器插座连接线的对接插头。

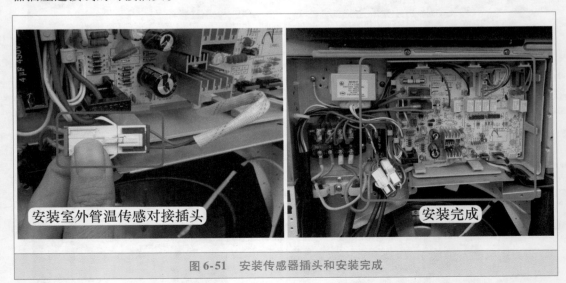

图 6-51　安装传感器插头和安装完成

至此，电控系统所有的插头或接线端子，已全部安装至室内机主板，见图 6-51 右图。

第七章

代换空调器通用板

Chapter **7**

第一节　代换挂式空调器通用板

　　目前挂式空调器室内风机绝大部分使用 PG 电机，工作电压为交流 90 ~ 180V，如果主板损坏且配不到原装主板或修复不好，最常用的方法是代换通用板。

　　目前挂式空调器的通用板按室内风机驱动方式分为 2 种：一种是使用继电器，对应安装在早期室内风机使用抽头电机的空调器；另一种是使用光耦 + 晶闸管，对应安装在目前室内风机使用 PG 电机的空调器，这也是本节着重介绍的内容。

　　本节示例机型为格力 KFR-23GW/（23570）Aa-3 挂式空调器，电控系统为目前最常见的设计型式，见图 7-1，室内风机使用 PG 电机，室内机主板为整机电控系统的控制中心；室外机未设电路板，电控系统只有简单的室外风机电容和压缩机电容；室内机和室外机的电控系统使用 5 芯连接线。

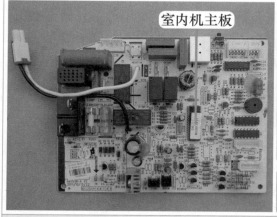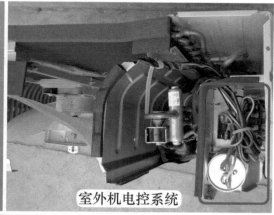

图 7-1　挂式空调器电控系统

一、　通用板设计特点

1. 实物外形

图 7-2 左图为某品牌的通用板套件，由通用板、变压器、遥控器、接线插座等组成，

设有环温和管温 2 个传感器，显示板组件设有接收器、应急开关按键、指示灯。从图 7-2 右图可以看出，室内风机驱动电路主要由光耦和晶闸管组成。通用板设计特点如下。

① 外观小巧，基本上都能装在代换空调器的电控盒内。

② 室内风机驱动电路由光耦 + 晶闸管组成，和原机相同。

③ 自带遥控器、变压器、接线插，方便代换。

④ 自带环温和管温传感器且直接焊在通用板上面，无需担心插头插反。

⑤ 步进电机插座为 6 根引针，两端均为直流 12V。

⑥ 通用板上使用汉字标明接线端子作用，使代换过程更为简单。

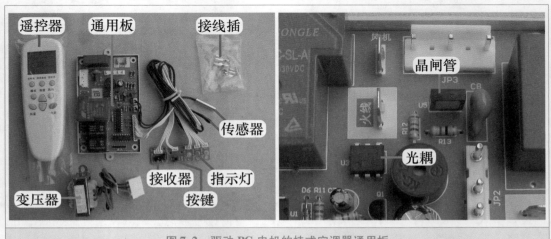

图 7-2　驱动 PG 电机的挂式空调器通用板

2. 接线端子功能

通用板的主要接线端子见图 7-3：共设有电源相线 L 输入、电源零线 N 输入、变压器、室内风机、压缩机、四通阀线圈、室外风机、步进电机。另外显示板组件和传感器的引线均直接焊在通用板上，自带的室内风机电容容量为 1μF。

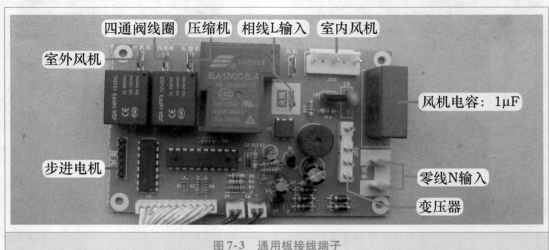

图 7-3　通用板接线端子

二、代换步骤

1. 拆除原机电控系统和保留引线

见图7-4，拆除原机主板、变压器、环温和管温传感器，保留显示板组件。

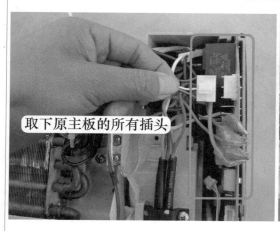
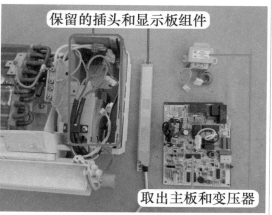

图 7-4　拆除原机主板

2. 安装电源输入引线

见图7-5，将电源 L 输入棕线插头插在通用板标有"火线"的端子，将电源 N 输入蓝线插头插在标有"零线"的端子。

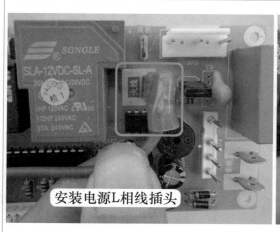

图 7-5　安装电源输入引线

3. 安装变压器

通用板配备的变压器只有 1 个插头，见图7-6，将一次绕组和二次绕组的引线固定在 1 个插头上面，为防止安装错误，在插头和通用板均设有空当标识，安装错误时安装不进去，同时通用板插座上面也设有空当标识。

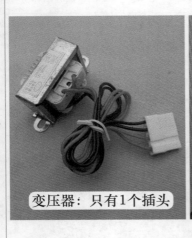

图 7-6　变压器和插头标识

见图 7-7，将配备的变压器固定在原变压器位置，并拧紧固定螺钉（俗称螺丝），再将插头插在通用板的变压器插座。

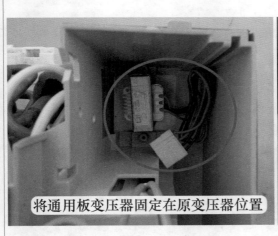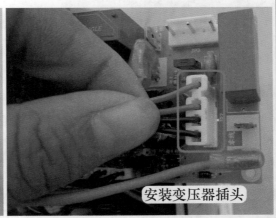

图 7-7　安装变压器插头

4. 安装室内风机（PG 电机）插头

（1）线圈供电插头引线与插座引针功能不对应

见图 7-8 左图，PG 电机线圈供电插头的引线顺序从左到右：1 号棕线为运行绕组 R、2 号白线为公共端 C、3 号红线为起动绕组 S；而通用板室内风机插座的引针顺序从左到右：1 号为公共端 C、2 号为运行绕组 R、3 号为起动绕组 S。从对比可以发现，PG 电机线圈供电插头的引线和通用板室内风机插座的引针功能不对应，应调整 PG 电机线圈供电插头的引线顺序。

线圈供电插头中引线取出方法：见图 7-8 右图，使用万用表表笔尖向下按压引线挡针，同时向外拉引线即可取下。

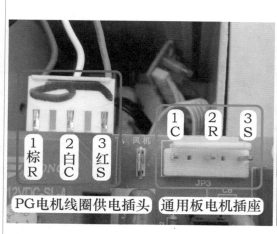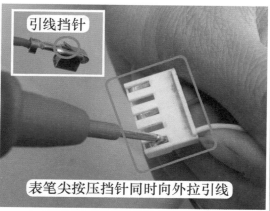

图 7-8　室内风机插头引线和通用板引针功能不对应

（2）调整引线顺序并安装插头

将引线拉出后，见图 7-9，再将引线按通用板插座的引针功能对应安装，使调整后的插头引线和插座引针功能相对应，再将插头安装至通用板插座。

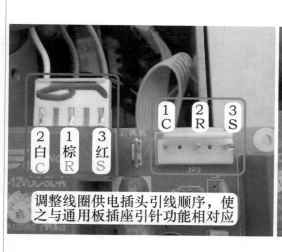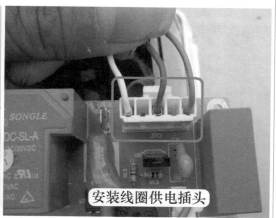

图 7-9　安装 PG 电机线圈供电插头

（3）霍尔反馈插头

室内风机还有 1 个霍尔反馈插头，见图 7-10，作用是输出代表转速的霍尔信号，但通用板未设霍尔反馈插座，因此将霍尔反馈插头舍弃不用。

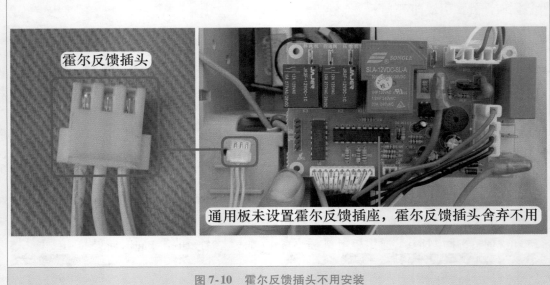

图 7-10　霍尔反馈插头不用安装

5. 安装室外机负载引线

连接室外机负载共有 2 束 5 根引线，较粗的 1 束有 3 根引线，其中的黄/绿色为地线，直接固定在地线端子；较细的 1 束有 2 根引线。

见图 7-11，1 束 3 根引线中的蓝线为 N 端零线，插头插在通用板标有"零线"的端子；黑线接压缩机，插头插在通用板标有"压缩机"的端子。

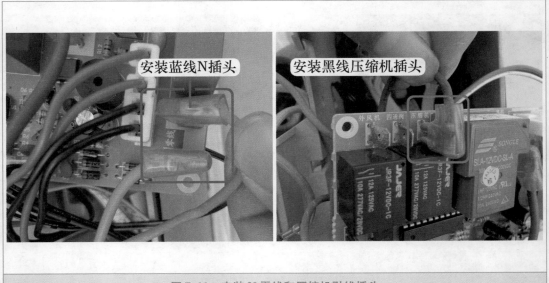

图 7-11　安装 N 零线和压缩机引线插头

见图 7-12，1 束 2 根引线中的紫线接四通阀线圈，插头插在通用板标有"四通阀"的端子；棕线接室外风机，插头插在通用板标有"外风机"的端子。

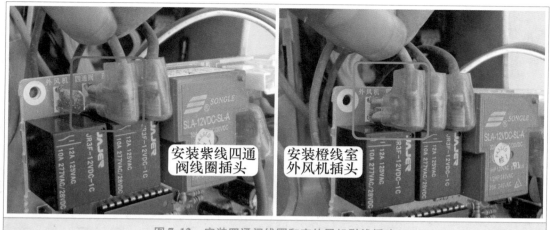

图 7-12　安装四通阀线圈和室外风机引线插头

6. 焊接显示板组件引线

（1）显示板组件实物外形

通用板配备的显示板组件为组合式设计，见图 7-13 左图，装有接收器、应急开关按键、3 个指示灯，每个器件组成的小板均可以掰断单独安装。

原机显示板组件为一体化设计，见图 7-13 右图，装有接收器、6 个指示灯（其中 1 个为双色显示）、2 位数码显示屏。因数码显示屏需对应的电路驱动，所以使用通用板代换后无法使用。

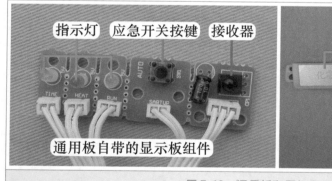
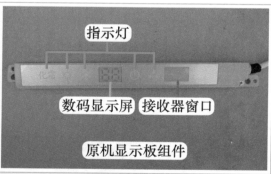

图 7-13　通用板和原机显示板组件

（2）常用安装方法

常用有 2 种安装方法：一是使用通用板所配备的接收板、应急开关、指示灯，将其放到合适的位置即可；二是使用原机配备的显示板组件，方法是将通用板配备显示板组件的引线剪下，按作用焊在原机配备的显示板组件或连接引线。

第 1 种方法比较简单，但由于需要对接收器重新开孔影响美观（或指示灯无法安装而不能查看）。安装时将接收器小板掰断，再将接收器对应固定在室内机的接收窗位置；安装指示灯时，将小板掰断，安装在室内机指示灯显示孔的对应位置，由于无法固定或只能简单固定，在安装室内机外壳时接收器或指示灯小板可能会移动，造成试机时接收器接收不到遥控器的信号，或看不清指示灯显示的状态。

第2种方法比较复杂，但对空调器整机美观没有影响，且指示灯也能正常显示。本节着重介绍第2种方法，代换步骤如下。

（3）焊接接收器引线

取下显示板组件外壳，查看连接引线插座，可见有2组插头，即DISP1和DISP2，其中DISP1连接接收器和供电公共端等，DISP2连接显示屏和指示灯。

见图7-14标识，可知DISP1插座上白线为地（GND）、黄线为5V电源（5V）、棕线为接收器信号输出（REC）、红线为显示屏和指示灯的供电公共端（COM），根据DISP1插座上的引线功能标识可辨别出另一端插头引线功能。

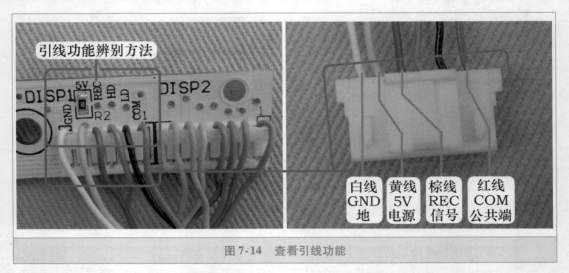

图7-14　查看引线功能

见图7-15左图，掰断接收器的小板，分辨出引线的功能后剪断3根连接线。

见图7-15右图，将通用板接收器的3根引线，按对应功能并联焊接在原机显示板组件插头上的接收器3根引线，即白线（GND）、黄线（5V）、棕线（REC），试机正常后再使用防水胶布包扎焊点。

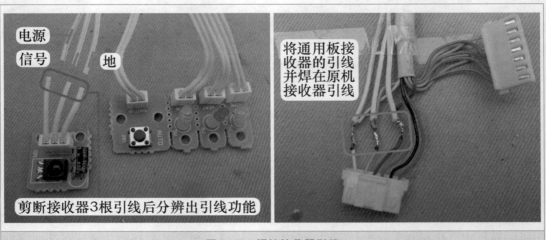

图7-15　焊接接收器引线

（4）焊接指示灯引线

原机显示板组件设有 6 个指示灯，并将正极连接一起为公共端，连接 DISP1 插座中的 COM，为供电控制，指示灯负极接 CPU 驱动。通用板的显示板组件设有 3 个指示灯（运行、制热、定时），其负极连接在一起为公共端、连接直流电源地，正极接 CPU 驱动。公共端功能不同，如单独控制原机显示板组件的 3 个指示灯，则需要划断正极引线，但考虑到制热和定时指示灯实际意义不大，因此本例只使用原机显示板组件中的 1 个运行指示灯。

见图 7-16 左图，原机显示板组件 DISP1 引线插头中的红线 COM 为正极公共端，即供电控制，DISP2 引线插头中的灰线接运行指示灯的负极。

见图 7-16 中图，找到通用板运行指示灯引线，分辨出引线功能后剪断。

见图 7-16 右图，将通用板运行指示灯引线、按对应功能并联焊接在原机显示板组件插头上的运行指示灯引线：驱动引线接红线 COM（指示灯正极）、地引线接灰线（指示灯负极）。

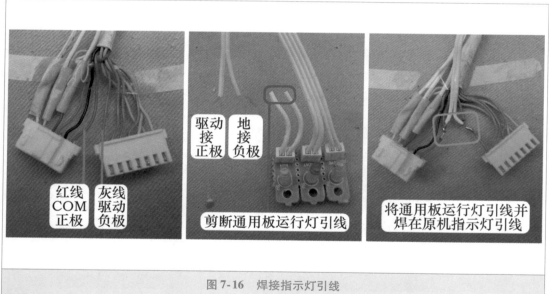

图 7-16　焊接指示灯引线

（5）应急开关按键

由于原机的应急开关按键设计在主板上面，通用板配备的应急开关按键无法安装，考虑到此功能一般很少使用，所以将应急开关按键的小板直接放至室内机电控盒的空闲位置。

（6）焊接完成

至此，更改显示板组件的步骤完成。见图 7-17，原机显示板组件的插头不再使用，通用板配备的接收器和指示灯也不再使用。将空调器通上电源，接收器应能接收遥控器发射的信号，开机后指示灯应能点亮。

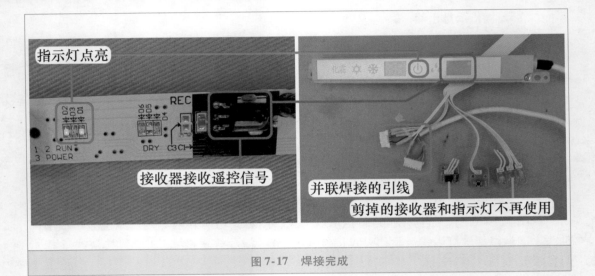

图 7-17　焊接完成

7. 安装环温和管温传感器探头

环温和管温传感器插头直接焊在通用板上面无需安装，只需将探头放至原位置即可。见图 7-18，原环温传感器探头安装在室内机外壳上面，安装室内机外壳后才能放置探头；将管温传感器探头放至蒸发器的检测孔内。

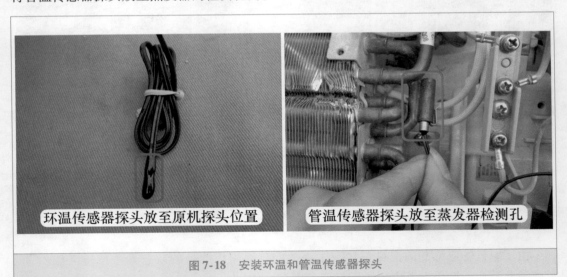

图 7-18　安装环温和管温传感器探头

8. 安装步进电机插头

因步机电机引线较短，所以将步进电机插头放到最后 1 个安装步骤。

（1）步进电机插头和通用板步进电机插座

见图 7-19 左图，步进电机插头共有 5 根引线：1 号红线为公共端，2 号橙线、3 号黄线、4 号粉线、5 号蓝线共 4 根均为驱动引线。

见图 7-19 右图，通用板步进电机插座设有 6 个引针，其中左右两侧的引针直接相连均为直流 12V，中间的 4 个引针为驱动。

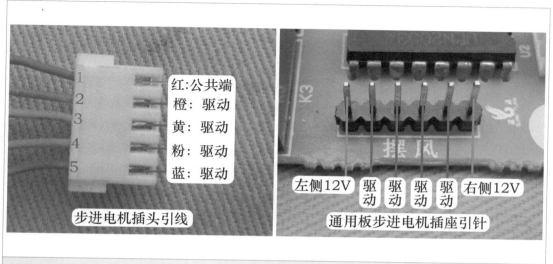

图7-19 步进电机插头和通用板插座引针功能

（2）安装插头

见图7-20，将步进电机插头插在通用板标有"摆风"的插座上，通用板通上电源后，风门叶片（导风板）应当自动复位，即处于关闭状态。注意，一定要将1号公共端红线对应安装在直流12V引针。

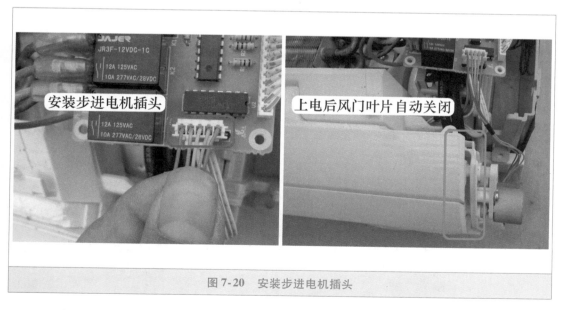

图7-20 安装步进电机插头

（3）步进电机正反旋转方向转换方法

见图7-21左图，安装步进电机插头，公共端接右侧直流12V引针（左侧空闲），驱动顺序为5-4-3-2，假如上电试机导风板复位时为自动打开、开机后为自动关闭，说明步进电机为反方向运行。

见图 7-21 右图，此时应当反插插头，使公共端接左侧直流 12V 引针（右侧空闲），即调整 4 根驱动引线的首尾顺序，驱动顺序改为 2-3-4-5，通用板再次上电，导风板复位时就会自动关闭，开机后为自动打开。

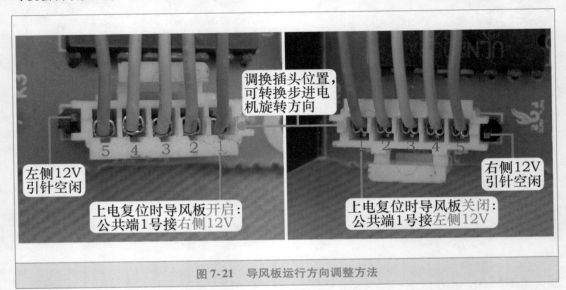

图 7-21　导风板运行方向调整方法

9. 辅助电加热插头

因通用板未设计辅助电加热电路，所以辅助电加热插头空闲不用，相当于取消了辅助电加热功能，此为本例选用通用板的一个弊端。

10. 代换完成

至此，见图 7-22，通用板所有插座和接线端子均全部连接完成，顺好引线后将通用板安装至电控盒内，再次上电试机，空调器即可使用。

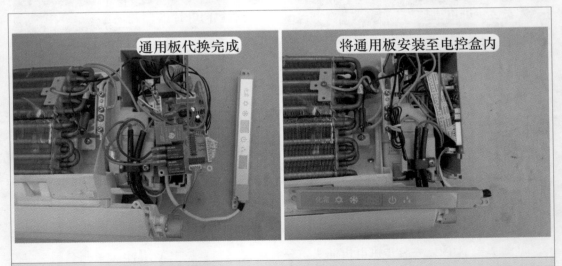

图 7-22　通用板代换完成

第二节　代换柜式空调器通用板

本节以格力 KFR-72LW/(72569)NhBa-3 的柜式空调器为例，介绍在检修过程中发现主板损坏时，需要代换通用板的操作步骤。

一、实物外形和设计特点

1. 实物外形

见图 7-23 左图，本例选用某品牌具有液晶显示、具备冷暖两用且带有辅助电加热控制的通用板组件，主要部件有通用板（主板）、显示板、变压器、遥控器、接线插、主板固定螺钉、环温和管温传感器等。图 7-23 右图为通用板电气接线图。

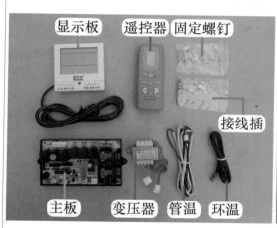
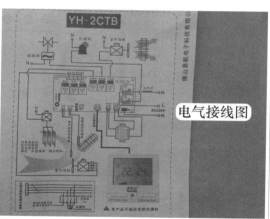

图 7-23　通用板组件和电气接线图

2. 主要接线端子

通用板主板和显示板主要接线端子及插座见图 7-24。

通用板主板供电端子：2 个，主板相线、零线（零线 N）。

辅助电加热（简称辅电）：辅电相线、辅电（电加热）。

变压器插座：2 个，一次绕组（初级）、二次绕组（次级）。

传感器插座：2 个，室内环温（室温）、室内管温（盘管温）。

显示板插座：1 个，（通讯）、连接显示板。

室内风机端子：3 个，高风（高风）、中风（中风）、低风（低风）。

同步电机端子：1 个，（摆风）端子，连接同步电机。

步进电机插座：1 个，（步进摆风）插座，连接步进电机。

室外机负载：3 个，压缩机（压缩机）、室外风机（外风机）、四通阀线圈（四通阀）。

显示板上插头：1 个，连接至主板。

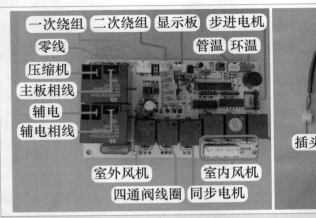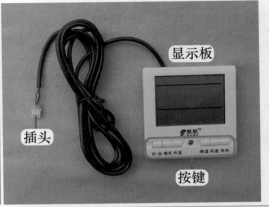

图7-24　通用板主板和显示板

3. 设计特点

① 自带遥控器、变压器、接线插，方便代换。

② 室内环温和管温传感器插头颜色和主板插座颜色相对应，方便代换。

③ 显示板设有全功能按键，即使不用遥控器，也能正常控制空调器，并且 LCD 显示屏可更清晰地显示运行状态。

④ 通用板上使用汉字标明接线端子的作用，使代换过程更为简单。

⑤ 通用板只设有 2 个电源零线 N 端子。如室内风机、室外机负载、同步电机使用的零线 N 端子，可由电源接线端子上的 N 端子提供。

⑥ 室内风机提供 2 种接线方式：见图 7-25 左图，插座和端子，2 种接线方式功能相同，使代换过程更简单。例如室内风机使用插头，调整引线后插入插座即可，不像其他品牌通用板只提供端子，还需要将插头引线剪断、换成接线插，才能连接到通用板。

⑦ 摆风提供 2 种接线方式：见图 7-25 右图，如早期或目前部分品牌的空调器左右摆风使用交流 220V 供电的同步电机，提供有继电器控制的强电同步电机摆风端子；如目前部分品牌空调器左右摆风使用直流 12V 供电的步进电机，提供有反相驱动器控制的 6 针弱电步进电机插座。2 个插座受遥控器或按键的"风向"键控制，同时运行或断开。

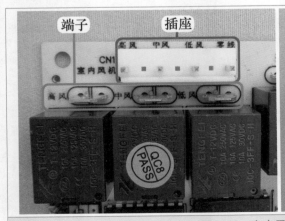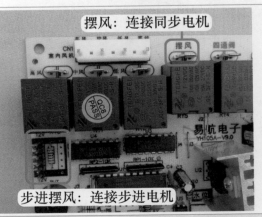

图7-25　室内风机和摆风插座

代换步骤

1. 取下原机电控系统和保留引线

见图7-26，取下原机变压器、室内机主板、显示板，保留显示板引线。

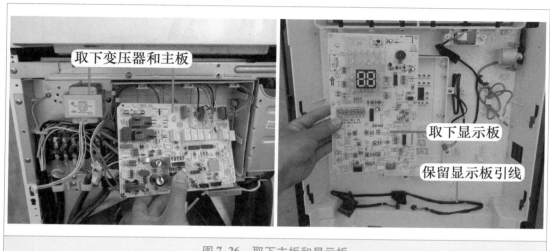

图7-26　取下主板和显示板

见图7-27，取下原机室内环温和管温传感器、连接室外传感器的扁形对接插头；保留为主板供电的棕线和蓝线、室内风机插头、辅助电加热的2根引线、辅助电加热供电的相线、室外机负载引线、显示板引线。

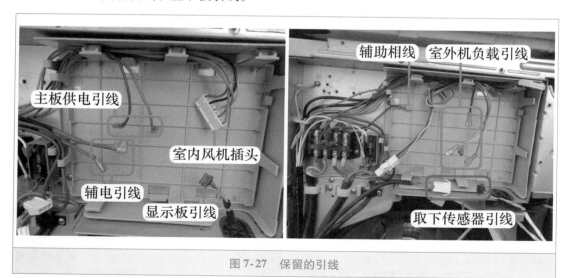

图7-27　保留的引线

2. 安装通用板

由于原机电控系统设有大面积的塑料壳，主板通过卡扣固定在里面，塑料壳表面未设计螺钉孔，而通用板使用螺钉固定，需要拆除塑料壳。

查看将通用板正立安装时，见图7-28，辅电继电器和变压器插座位于右侧位置，而辅电供电相线和变压器引线均不够长，不能安装至端子或插座，因此在电控盒内寻找合适位置，将通用板倒立安装，左侧使用螺钉固定，右侧位置因无螺钉孔，使用双面胶固定。

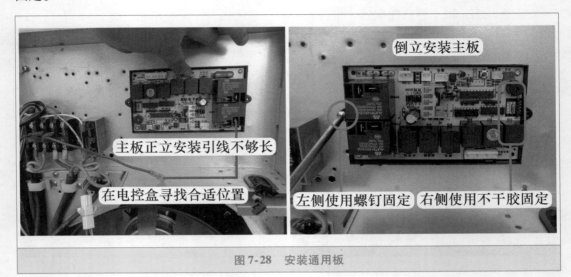

图 7-28　安装通用板

3. 供电引线

主板供电有 2 根引线：相线为棕线、零线为蓝线，见图 7-29，安装供电棕线至通用板压缩机继电器标有"COM"的端子、安装供电零线至标有"零线"N 的端子。

➡ 说明：通用板压缩机和辅电继电器 3 个端子英文含义：COM 为公共端，接输入供电相线；NO 为常开触点，线圈未通电时 COM- NO 触点断开，NO 端子接负载；NC 为常闭触点，线圈未通电时 COM- NC 触点导通，NC 端子在空调器电路中一般不使用。

图 7-29　安装供电引线

4. 变压器插头

通用板配备有变压器，设有 2 个插头，大插头为一次绕组（俗称初级线圈）、小插头为二次绕组（俗称次级线圈），见图7-30左图，在电控盒寻找合适位置，使用螺钉将变压器固定。

见图7-30右图，安装大插头一次绕组至通用板标有变压器"初级"的插座；见图7-31左图，安装小插头二次绕组至通用板标有变压器"次级"的插座。

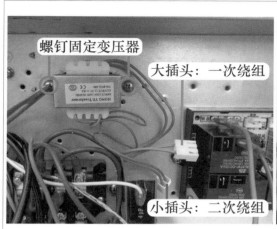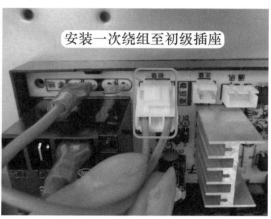

图7-30　固定变压器和安装一次绕组插头

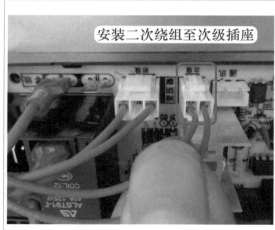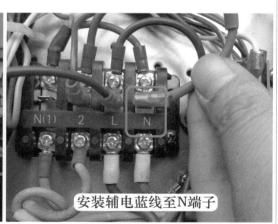

图7-31　安装二次绕组插头和辅电蓝线

5. 辅电引线

原机主板辅电电路使用2个继电器控制，设有2根供电引线，而通用板只设有1个继电器，应将原机为辅电供电的零线蓝线取下不用，见图7-31右图，将辅电的蓝线安装至接线端子中标有"N"的端子。

见图7-32，再将为辅电供电的相线棕线安装至通用板电加热继电器标有"COM"的端子，将辅电的红线安装至"NO"端子。

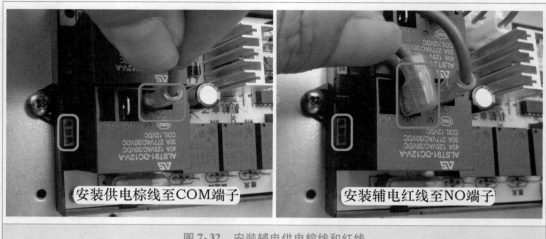

安装供电棕线至COM端子　　　安装辅电红线至NO端子

图 7-32　安装辅电供电棕线和红线

6. 室内风机插头

原机室内风机设有 4 档风速，插头共有 5 根引线：红线为零线公共端、黑线为高风、黄线为中风、蓝线为低风、灰线为超强，而通用板室内风机电路只有 3 个继电器，即 3 档风速，考虑到超强风速较少使用，决定不再安装，只对应安装低风、中风、高风 3 档风速。

查看安装方向后，将室内风机插头对准通用板插座，并查看通用板插座引针功能和室内风机引线功能，见图 7-33 左图，可知插头高风、中风、低风引线和插座引针相对应，插头中超强和零线公共端位置相反，需要调整插头中引线顺序。

插头引线取出方法见图 7-33 右图，使用万用表表笔尖向下按压引线挡针，同时向外拉引线即可取下。

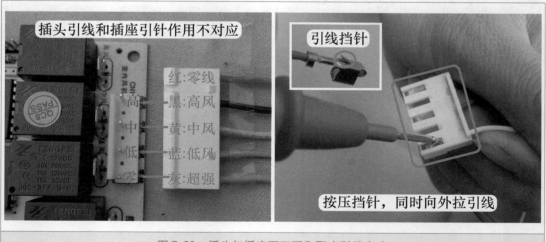

图 7-33　插头与插座不匹配和取出引线方法

对调插头中的红线和灰线后，见图 7-34 左图，再将室内风机插头引线对准通用板插座引针，可知此时引线和引针的功能相对应。

见图 7-34 右图，将调整后的室内风机插头安装至通用板标有"室内风机"的插座。

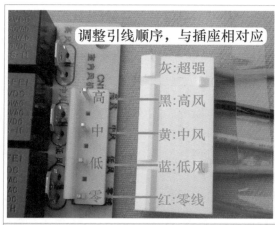

图 7-34　调整引线和安装插头

7. 步进电机插头

原机上下和左右风门叶片（导风板）均可以自动调节，由直流 12V 供电的步进电机驱动，由于通用板只设有 1 个步进电机插座，考虑到实际使用中，上下风门叶片调节次数较少，决定上下步进电机不再使用，保留驱动左右风门叶片的步进电机。

原机由显示板驱动上下和左右步进电机，引线插头均安装至显示板，因此步进电机的引线相对较短，不能安装到位于电控盒位置的通用板，见图 7-35，查看原机主板和显示板的连接线为 5 根引线，和步进电机插头引线数量相同，因此保留显示板引线，使用对接端子将步进电机插头和显示板插头互相连接，在连接时要注意将步进电机插头的红线和显示板插头的红线相对应。

➡ 说明：如果检修时没有对接端子，可剥开引线绝缘层，将 2 个插头引线直接相连，再使用绝缘胶布包好。

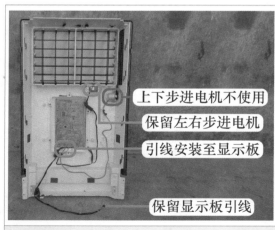

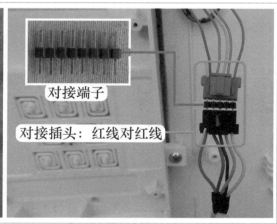

图 7-35　保留步进电机和对接插头

为防止对接后的插头移动导致引线接触不良，见图 7-36 左图，使用胶布包扎对接插头，此时的显示板插头即成为新的左右步进电机插头。

见图 7-36 右图，通用板步进摆风插座即步进电机插座共设有 6 个引针，两边的 2 个引针相通均为供电，接直流 12V，中间的 4 个引针为驱动，接反相驱动器；步进电机共设有 5 根线，红线为公共端，需要接直流 12V，其他 4 根引线为驱动，需要接反相驱动器。

➡️ 说明：通用板步进电机插座两边设计 2 个直流 12V 引针的作用是，可以调整步进电机的旋转方向。例如将红线接上方的直流 12V 引针，步进电机为顺时针旋转，而将红线接下方的直流 12V 引针，则步进电机改为逆时针旋转。而本机需要控制的是左右步进电机，驱动左右风门叶片没有调整的必要；如果本机控制上下步进电机，则需要使用本功能，假如红线接上方的直流 12V 引针，通用板上电复位时风门叶片自动打开，开机后风门叶片自动关闭，此时拔下步进电机插头，再将红线接下方的直流 12V 引针，安装插头即可改为上电复位时风门叶片自动关闭，开机后风门叶片自动打开。

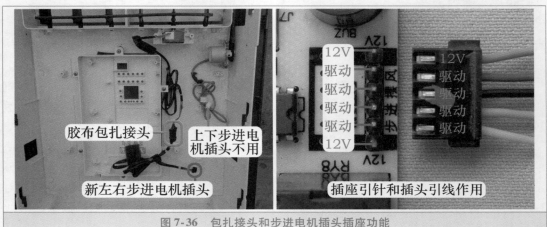

图 7-36　包扎接头和步进电机插头插座功能

见图 7-37，将新步进电机插头安装至通用板标有"步进摆风"的插座，注意红线要对应安装 12V 引针，这样左右步进电机受通用板控制，左右风门叶片可以自动摆动，而上下风门叶片则需要手动调节。

➡️ 说明：由于本机使用直流 12V 供电的步进电机驱动风门叶片，因此提供交流 220V 供电的同步电机摆风端子空闲不用安装。

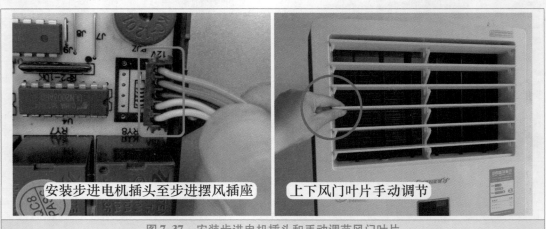

图 7-37　安装步进电机插头和手动调节风门叶片

8. 室外机负载

室外机负载共有 4 根引线，使用方形对接插头，黑线连接压缩机的交流接触器线圈、橙线连接室外风机、紫线连接四通阀线圈、黄线连接高压压力开关，因通用板未设计压力保护电路，所以高压保护黄线不用连接。

见图 7-38，将压缩机黑线安装至通用板压缩机继电器上标有"NO"的端子，将室外风机橙线安装至标有"外风机"的端子。

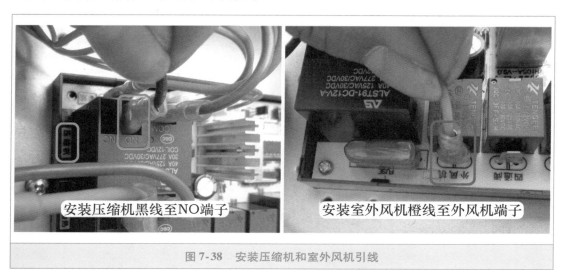

安装压缩机黑线至NO端子　　安装室外风机橙线至外风机端子

图 7-38　安装压缩机和室外风机引线

见图 7-39，将四通阀线圈紫线安装至通用板标有"四通阀"的端子，高压保护黄线不再使用，使用防水胶布包扎好插头，防止漏电。

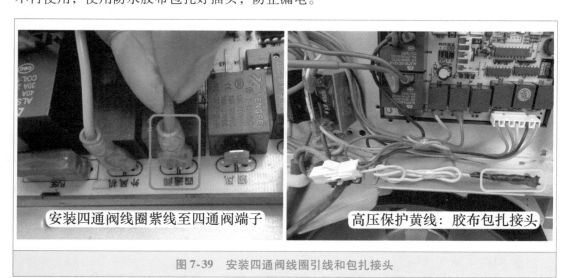

安装四通阀线圈紫线至四通阀端子　　高压保护黄线：胶布包扎接头

图 7-39　安装四通阀线圈引线和包扎接头

9. 室内环温和管温传感器

见图 7-40，将室内环温传感器探头安装在原环温传感器位置，红色插头安装至通用板标有"室温"的红色插座。

225

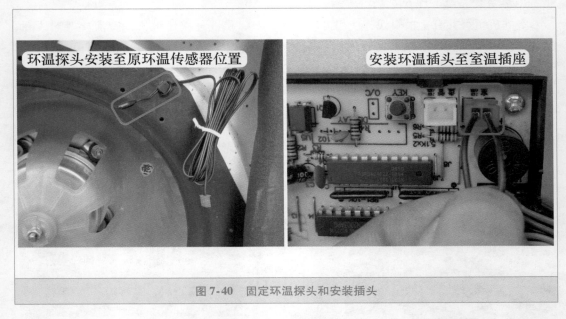

图7-40 固定环温探头和安装插头

见图7-41，将室内管温传感器探头安装在蒸发器检测孔内，配备的管温传感器引线较长，其白色插头安装在通用板标有"盘管温"的白色插座。

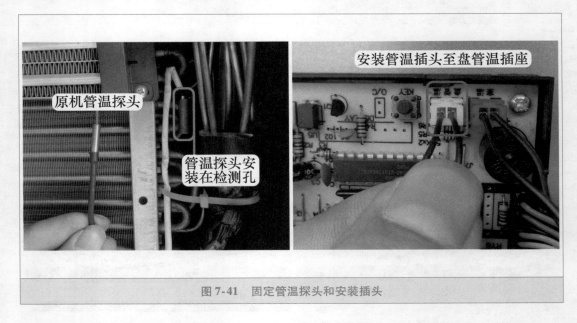

图7-41 固定管温探头和安装插头

10. 显示板插头

在室内机前面板的原机显示屏合适位置扳开缝隙，见图7-42，将通用板配备的显示板引线从缝隙中穿入并慢慢拉出，再使用双面胶一面粘住显示板反面、另一面粘在原机的显示窗口合适位置，固定好显示板，再顺好引线，将插头安装至通用板标有"通讯"的插座。

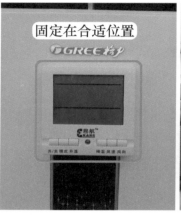
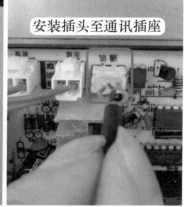

穿入引线　　　　固定在合适位置　　　　安装插头至通讯插座

图 7-42　固定显示板和安装插头

11. 代换完成

至此，室内机和室外机的负载引线已全部连接，见图 7-43 左图，即代换通用板的步骤也已结束。

见图 7-43 中图，按压显示板上的"开/关"按键，室内风机开始运行，转换"模式"至制冷，当设定温度低于房间温度，待 3min 延时过后，压缩机和室外风机开始运行，空调器制冷也恢复正常。

见图 7-43 右图，按压遥控器"开/关"按键，显示板显示遥控器发送的信号，同时对空调器进行控制。

代换完成　　　　按压按键开机　　　　使用遥控器开机

图 7-43　代换完成和开机

三、　利用原机高压保护电路

格力部分 3P 或 5P 空调器，室外机压缩机排气管上均设有高压压力开关，与室内机主板组成高压保护电路，可最大程度保护压缩机免受过载损坏。但是更改成通用板后，因通用板未设计高压保护电路，因此原机的高压保护电路或低压保护电路均不再使用，这样空调器虽然也能运行，但由于取消了相应保护电路，压缩机损坏的比例也相应增加，在实际代换过程中，经过实际试验，即使使用代换的通用板，也可利用原机的高压保护电路，以保护压缩机，方法如下。

1. 工作原理

其实原理很简单，通用板在正常工作时，如果忽然停止供电，由于弱电电路中继电器线圈正常工作，迅速消耗掉电源电路中滤波电容的电量，使直流 12V 和 5V 电压均为 0V，即使断电后迅速通上电源（如断电约 3s），通用板 CPU 也将重新复位，进入待机状态。

2. 更改方法

高压压力开关在室外机连接电源零线 N 端子，高压保护黄线也为零线 N 端子，如果需要利用原机的高压保护电路，见图 7-44，可将为通用板提供电源零线 N 端的蓝线取下，由方形对接插头中的高压保护黄线为通用板 N 端供电。

代换通用板后的空调器在运行中，如室外机由于冷凝器脏堵、室外风机未运行、压缩机卡缸（5P 三相供电空调器）等原因，使高压压力开关触点或电流检测板（5P 三相供电空调器）上的继电器触点断开，通用板将停止供电，并断开压缩机和室外风机的供电。

当压缩机停止工作后，高压压力开关触点或电流检测板继电器触点由断开到闭合通常需要约 15s，因此触点闭合后再次为通用板供电，通用板 CPU 将重新复位，处于待机状态。

所以，当高压保护电路断开，使用原机主板时表现为整机停机，显示 E1 代码，不能再次自动运行，需人为操作关机后再开机才能再次运行。而使用通用板，则表现为整机停机，电控系统处于待机状态，也不能再次自动运行，需人为操作开机后才能再次运行。因此通过更改引线，通用板也能起到高压保护电路的作用。

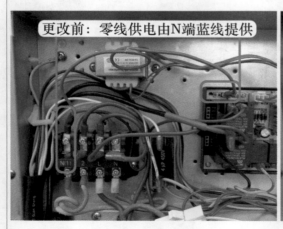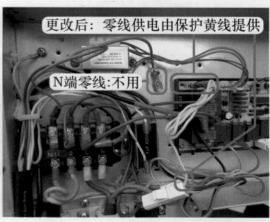

图 7-44　调整引线